全国高等医学院校配套教材

药学课程学习指导与强化训练

供药学、药剂学、临床药学、药品营销、中药学、制药工程、制剂工程等专业用

无机化学学习指导

主　编　海力茜·陶尔大洪

副主编　姚　军　艾尼娃尔·艾克木　王　岩

编　委　程煜风　王　磊　孙　梅

科学出版社

北　京

内 容 简 介

本书是根据本科无机化学教学大纲和国家执业药师考试大纲的基本要求,结合医学生培养特点编写的,是本科教材《无机化学》的配套教材。全书内容共分8章,各章均分基本要求、学习要点、强化训练与参考答案四部分,书后附有模拟试题及参考答案。特点是理论联系实际、简明扼要、重点突出、适用性强。

本书可供药学、药剂学、临床药学、药品营销、中药学、制药工程、制剂工程等专业学生使用。

图书在版编目(CIP)数据

无机化学学习指导/海力茜·陶尔大洪主编.—北京:科学出版社,2007
全国高等医学院校配套教材·药学课程学习指导与强化训练
ISBN　978-7-03-017911-1
Ⅰ.无…　Ⅱ.海…　Ⅲ.无机化学-医学院校-教学参考资料　Ⅳ.O61

中国版本图书馆 CIP 数据核字(2006)第100884号

责任编辑:郭海燕　夏　宇 / 责任校对:刘小梅
责任印制:徐晓晨 / 封面设计:黄　超

科学出版社 出版
北京东黄城根北街16号
邮政编码: 100717
http://www.sciencep.com
北京厚诚则铭印刷科技有限公司 印刷
科学出版社发行　各地新华书店经销
*
2007年1月第　一　版　　开本:787×1092　1/16
2017年7月第五次印刷　　印张:10
字数:230 000
定价:19.80元
(如有印装质量问题,我社负责调换)

前　言

多年来，医学学生在学习《无机化学》时常常感到内容杂、多，抓不住要领，做习题时出现一些化学概念的混淆，在正确运用基本理论解释无机化学实验现象或分析问题、解决问题时更显困难，为了帮助学好这门课程，编者结合多年来的教学经验，编写了这本《无机化学学习指导》，目的是实现教学内容、课程体系、教学方法和教学手段的现代化。

培养学生的创新能力和逻辑思维能力的关键步骤之一是对所学知识的应用和实践，通过习题的演练，既可以考察对知识的理解和运用，又可达到培养学生各种能力的目的。本书是全国高等医学院校本科教材药学专业《无机化学》的参考教材，主要依据药学类本科无机化学教学大纲的基本要求，本着培养学生的思维方法和创新能力，既传授知识又开发智力，既统一要求又发展个性的目的，帮助学生更好地学习无机化学课程而编写的。在编写过程中，力争为教材服务，做到教师易教，学生易学。本教材特点如下：

1. 本书是供药学、药剂学、临床药学、药品营销学、中药学、制药工程、制剂工程等专业学生使用，各章节编排顺序与本科教材《无机化学》相同。

2. 本书紧密联系药学实际，充分体现药学特征，从有利于教师教、学生学的角度出发，从药学、医学发展的角度考虑，在内容、习题的选择方面重点突出，难易恰当合适，紧密结合实际，适用性强。

3. 本书每章由四个部分组成。

(1) 基本要求：依据大纲针对每一章节内容提出具体要求。

(2) 学习要点：根据大纲要求，简明扼要地阐明本章基本内容、重点、难点及易混淆、疏漏之处，并适当拓宽、增加了部分需提高的内容，整个部分清晰实用，力求使读者一目了然，起到提纲挈领的作用。

(3) 强化训练与参考答案：题目分别为选择题、填空题、是非题、简答题、计算题和问答题等类型。所选习题具有典型性、代表性、趣味性、实用性和普遍性，力求帮助读者真正掌握无机化学的特点和研究方法，在科学思维方式上有所突破，真正做到既有丰富的想像力，善于进行发散性思维；又善于进行收敛性思维，做出最优化的选择。

(4) 模拟试题及参考答案。

4. 本书简明扼要，重点突出，不仅对学生的日常学习有帮助和指导作用，也对报考硕士研究生有较好的参考作用。

由于编者水平有限和时间仓促，本书内容上难免有错误和疏漏，敬请各位同仁和读者不吝赐教。

编　者

2006年7月

目　　录

第1章 溶 液

基本要求

1. 掌握稀溶液的依数性并了解其生理意义。
2. 掌握强电解质溶液理论和相关公式及应用。
3. 熟悉溶质、溶剂、溶液、浓度和溶解度的概念,溶液的存在状态、类型和分类。
4. 熟悉溶液浓度的五种表示方法和相关计算。
5. 熟悉强电解质和弱电解质及非电解质的概念。
6. 熟悉弱电解质的电离平衡和电离度及应用。
7. 了解物质溶解过程中伴随的能量变化、体积变化及颜色变化。

学习要点

一、溶液、溶剂、溶质、浓度、溶解度的概念

1. 溶液　一种物质以分子、原子或离子状态分散于另一种物质中所构成的均匀而又稳定的分散体系叫做溶液。

2. 溶剂　能溶解其他物质的化合物叫做溶剂。

3. 溶质　被溶解的物质叫做溶质。

溶液 = 溶剂 + 溶质

4. 溶液

按聚集状态溶液可分三种类型:①液态溶液;②气态溶液;③固态溶液。

液态溶液按组成的溶质与溶剂的状态可分三种类型:①气－液溶液;②固－液溶液;③液－液溶液。

5. 浓度　它是溶液中溶剂和溶质的相对含量。

6. 溶解度　它是指饱和溶液中溶剂和溶质的相对含量。

7. 溶液的分类　可分为饱和溶液、未饱和溶液、过饱和溶液。

(1) 饱和溶液:在一定温度和压强下,达到溶解结晶平衡时的溶液就是饱和溶液。

饱和溶液的特点:在饱和溶液中所加入的溶质不能继续溶解。已溶解的溶质也不会析出结晶。

(2) 未(不)饱和溶液:在一定温度和压强下,小于该条件下饱和溶液浓度的溶液。

不饱和溶液的特点:在不饱和溶液中所加入的溶质能继续溶解。

(3) 过饱和溶液:在一定温度和压强下,大于该条件下的饱和溶液浓度的溶液。

过饱和溶液的特点:是一个不稳定体系,在过饱和溶液中加入溶质后,已溶解的部分溶质会析出(产生沉淀)。

溶质溶解过程中伴随着能量变化、体积变化及颜色变化、溶剂化作用。

二、溶液浓度的表示方法

溶液浓度的表示方法见表1-1。

表1-1 常用溶液浓度的表示方法

名称	定义	数学表达式	单位
质量分数	溶质B的质量 m_B 与溶液质量 m 之比值	$w_B = m_B/m$	无量纲
摩尔分数	溶质B的物质的量 n_B 与混合物的物质的量 $\sum ni$ 之比	$x_B = n_B/\sum ni$	无量纲
质量摩尔浓度	溶质B的物质的量 n_B 除以溶剂的质量 m_A	$b_B = n_B/m_A$	$mol \cdot kg^{-1}$
质量浓度	溶质B的质量 m_B 除以溶液的体积 V	$\rho_B = m_B/V$	常用 $g \cdot L^{-1}$ 或 $g \cdot mL^{-1}$
物质的量浓度(简称浓度)	溶质B的物质的量 n_B 除以混合物的体积 V	$c_B = n_B/V$	常用 $mol \cdot L^{-1}$ 或 $mmol \cdot L^{-1}$

三、稀溶液的依数性

难挥发性非电解质稀溶液的某些性质(如蒸气压下降、沸点升高、凝固点降低、渗透压)与溶液中所含溶质粒子的浓度有关,而与溶质的本性无关。稀溶液的这些性质就称为稀溶液的依数性,又称稀溶液的通性。

1. 溶液的蒸气压下降

蒸气压:一定温度下,气液两相达到相平衡(蒸发速率和凝聚速率相等)时,蒸气所具有的压力。

溶液的蒸气压下降:同一温度下,难挥发性非电解质稀溶液的蒸气压总是低于相应纯溶剂的蒸气压。难挥发性非电解质稀溶液的蒸气压下降(Δp)与溶质粒子的摩尔分数(x_B)成正比,而与溶质的本性无关。这一规律称为拉乌尔定律。

其表达式如下

$$\Delta p = P^0 - P = Px_B$$

也可表示为

$$\Delta p = P^0 - P \approx Kb_B$$

式中 K 为比例常数。

2. 溶液的沸点升高

沸点:液体的蒸气压等于外界压力时的温度。

溶液的沸点升高:溶液的沸点(T_b)总是高于相应纯溶剂的沸点(T_b^0)。难挥发性非电解质稀溶液沸点升高(ΔT_b)与溶液的质量摩尔浓度(b_B)成正比,而与溶质的本性无关。

可表示为

$$\Delta T_b = T_b - T_b^0 = K_b b_B$$

K_b为溶剂的摩尔沸点升高常数,它只与溶剂的本性有关。

3. 溶液的凝固点降低

凝固点:固液两相共存时的温度,即固体蒸气压与液体蒸气压相等时的温度。

溶液的凝固点下降:溶液的凝固点(ΔT_f)总是低于相应纯溶剂的凝固点(T_f^0)。难挥发性非电解质稀溶液凝固点下降(ΔT_f)与溶液的质量摩尔浓度(b_B)成正比,而与溶质的本性无关。

可表示为

$$\Delta T_f = T_f^0 - T_f = K_f b_B$$

K_f为溶剂的摩尔凝固点降低常数。

4. 渗透压

渗透:溶剂分子通过半透膜从纯溶剂向溶液或从稀溶液向较浓溶液的净迁移。

渗透压:为维持只允许溶剂通过的膜所隔开的溶液与溶剂之间的渗透平衡,在溶液一侧需加的额外压力。

产生渗透条件:半透膜的存在及其膜两侧存在浓度差。

渗透方向:溶剂分子从纯溶剂向溶液,或是从稀溶液向浓溶液迁移。

van't Hoff 定律:在一定温度下,稀溶液渗透压的大小仅与单位体积溶液中溶质的物质的量有关,而与溶质的本性无关。

可表示为

$$\Pi = CRT = \frac{nRT}{V}$$

Π 为渗透压(kPa),V 是溶液体积(L),n 为溶质的物质的量,C 为物质的量浓度(mol · L^{-1}),R 为摩尔气体常数(8.314kPa · L · mol^{-1} · K^{-1}),T 为绝对温度(K)。

对水溶液来讲,当浓度很低时,$C_B = b_B$,上式可改写为

$$\Pi = b_B RT$$

5. 稀溶液依数性的适用范围

结论:蒸气压下降,沸点上升,凝固点下降,渗透压都是难挥发的非电解质稀溶液的通性;它们只与溶剂的本性和溶液的浓度有关,而与溶质的本性无关。

符合稀溶液依数性的三个条件是:溶质难挥发(凝固点降低除外)、非电解质、稀溶液。

总之,沸点上升、凝固点下降、渗透压等性质的起因都与溶液的蒸气压下降有关,四者之间通过浓度联系起来。

浓溶液同样也有蒸气压降低、沸点升高、凝固点降低和渗透压等性质,但不符合稀溶液的依数性公式。因为在浓溶液中溶质与溶剂间,溶质与溶质间的相互作用不可忽略。

四、电解质溶液

1. 电解质溶液的依数性　电解质溶液由于溶质发生电离,使溶液中溶质粒子数增加,计算时应考虑其电离的因素,否则会使计算得到的 Δp,ΔT_b,ΔT_f,Π 值比实验测得值小;另

一方面,电解质溶液由于离子间的静电引力比非电解质之间的作用力大得多,因此用离子浓度来计算强电解质溶液的 Δp,ΔT_b,ΔT_f,Π 时,其计算结果与实际值偏离较大,应该用活度代替浓度进行计算。

2. 离子强度　电解质溶液中离子之间的相互作用与离子的浓度和电荷有关,可用离子强度(I)表示。

定义为

$$I = \frac{1}{2}\sum C_i Z_i^{\ 2}$$

I 为离子强度,C_i和 Z_i分别为溶液中第 i 种离子的质量摩尔浓度和该离子的电荷数,离子强度的单位为 mol · kg^{-1}。

3. 活度系数和活度　电解质溶液中,实际上可起作用的离子浓度称为有效浓度,也称活度。活度 a 与实际浓度 C 的关系为

$$a_i = \gamma C_i$$

γ_i为活度系数。对于离子强度较小的溶液,γ_i与离子强度间的关系可用德拜 - 休克尔(Debye-Huckel)公式表示:

$$\lg r_i = -AZ\sqrt{I}$$

强 化 训 练

一、选择题

1. 符号 n 用来表示(　　)

A. 物质的质量　　B. 物质的量　　C. 物质的量浓度

D. 质量浓度　　E. 质量分数

2. 已知溶质 B 的摩尔数为 n_B,溶剂的摩尔数为 n_A,则溶质 B 在此溶液中的摩尔分数 x_B为(　　)

A. $\frac{n_B}{n_A + n_A}$　　B. $\frac{n_A}{n_A + n_B}$　　C. $1 - x_B$

D. $x_B + x_A = 1$　　E. $x_B - x_A = 1$

3. 已知葡萄糖 $C_6H_{12}O_6$的摩尔质量是 180g · mol^{-1},1L 水溶液中含葡萄糖 18g,则此溶液中葡萄糖的物质的量浓度为(　　)

A. 0.05mol · L^{-1}　　B. 0.10mol · L^{-1}　　C. 0.20mol · L^{-1}

D. 0.30mol · L^{-1}　　E. 0.15mol · L^{-1}

4. 已知的 Ca^{2+}摩尔质量为 40g · mol^{-1},测得 1L 溶液中含 Ca^{2+} 8g,则 Ca^{2+}的物质的量浓度是(　　)

A. 0.1mol · L^{-1}　　B. 0.2mol · L^{-1}　　C. 0.3mol · L^{-1}

D. 0.4mol · L^{-1}　　E. 0.5mol · L^{-1}

5. 下列哪种浓度表示方法与温度有关(　　)

A. 质量分数　　B. 质量摩尔浓度　　C. 物质的量浓度

D. 摩尔分数　　E. 质量浓度

6. 关于溶剂的凝固点降低常数，下列哪一种说法是正确的(　　)

A. 与溶质的性质有关

B. 只与溶剂的性质有关

C. 与溶质的浓度有关

D. 是溶质的质量摩尔浓度为 $1mol \cdot kg^{-1}$ 时的实验值

E. 是溶质的物质的量浓度为 $1mol \cdot L^{-1}$ 时的实验值

7. 土壤中 NaCl 含量高使植物难以生存，这与下列稀溶液的性质有关(　　)

A. 蒸气压下降　　B. 沸点升高　　C. 凝固点下降

D. 渗透压　　E. 沸点降低

8. 稀溶液依数性的本质是(　　)

A. 渗透性　　B. 沸点升高　　C. 蒸气压下降

D. 凝固点降低　　E. 蒸气压升高

9. 用冰点降低法测定葡萄糖相对分子质量时，如果葡萄糖样品中含有不溶性杂质，则测的相对分子质量(　　)

A. 偏低　　B. 偏高　　C. 无影响

D. 无法测定　　E. 以上都不对

10. 有蔗糖($C_{12}H_{22}O_{11}$)、氯化钠(NaCl)、氯化钙($CaCl_2$)三种溶液，它们的浓度均为 $0.1mol \cdot L^{-1}$，按渗透压由低到高的排列顺序是(　　)

A. $CaCl_2 < NaCl < C_{12}H_{22}O_{11}$　　B. $C_{12}H_{22}O_{11} < NaCl < CaCl_2$　　C. $NaCl < C_{12}H_{22}O_{11} < CaCl_2$

D. $C_{12}H_{22}O_{11} < CaCl_2 < NaCl$　　E. $NaCl > C_{12}H_{22}O_{11} > CaCl_2$

11. 计算弱酸的电离常数，通常用电离平衡时的平衡浓度而不用活度，这是因为(　　)

A. 活度即浓度　　B. 稀溶液中误差很小　　C. 活度与浓度成正比

D. 活度无法测定　　E. 稀溶液中误差很大

12. 经测定强电解质溶液的电离度总达不到 100%，其原因是(　　)

A. 电解质不纯　　B. 电解质与溶剂有作用　　C. 电解质很纯

D. 电解质没有全部电离　　E. 有离子氛和离子对存在

13. 实验测得的强电解质在溶液中的电离度都小于 100%，这是因为(　　)

A. 强电解质在溶液中是部分电离的

B. 强电解质在溶液中离子间相互牵制作用大

C. 强电解质溶液中有离子氛、离子对存在

D. B 和 C 均对

E. 弱电解质在溶液中是全部电离的

14. $0.10mol \cdot L^{-1}$ HCl 溶液中，离子强度 I 为(　　)

A. $0.10mol \cdot L^{-1}$　　B. $0.20mol \cdot L^{-1}$　　C. $0.30mol \cdot L^{-1}$

D. $0.40mol \cdot L^{-1}$　　E. $0.50mol \cdot L^{-1}$

15. $0.01mol \cdot L^{-1}$ $BaCl_2$ 溶液的离子强度 I 为(　　)

A. $0.01mol \cdot L^{-1}$　　B. $0.02mol \cdot L^{-1}$　　C. $0.03mol \cdot L^{-1}$

D. 0.04mol · L^{-1}　　E. 0.05mol · L^{-1}

16. 0.010mol · L^{-1}NaCl 溶液中 Na^+ 和 Cl^- 的活度 a 均为（已知活度系数：$r_{Na^+}=r_{Cl^-}=0.89$）(　　)

A. 0.0089mol · L^{-1}　　B. 0.010mol · L^{-1}　　C. 0.070mol · L^{-1}

D. 0.0050mol · L^{-1}　　E. 0.0060mol · L^{-1}

17. 已知 NaCl 的摩尔质量是 58.5g · mol^{-1}，1kg 水中溶有 5.85g NaCl，则 NaCl 溶液的质量摩尔浓度为(　　)

A. 0.1mol · kg^{-1}　　B. 0.2mol · kg^{-1}　　C. 0.3mol · kg^{-1}

D. 0.4mol · kg^{-1}　　E. 0.5mol · kg^{-1}

18. 混合溶液中，用来计算某分子或某离子的物质的量浓度的稀释公式是(　　)

A. $C_{浓}V_{浓}=C_{稀}V_{稀}$　　B. $C_{浓}/V_{浓}=C_{稀}/V_{稀}$　　C. $C_{浓}+V_{浓}=C_{稀}+V_{稀}$

D. $C_{浓}-V_{浓}=C_{稀}-V_{稀}$　　E. $C_{浓}V_{稀}=C_{稀}V_{浓}$

19. 已知 Ba^{2+} 的活度系数 $r=0.24$，则 0.050mol · L^{-1} Ba^{2+} 的活度 a 为(　　)

A. 0.012mol · L^{-1}　　B. 0.014mol · L^{-1}　　C. 0.016mol · L^{-1}

D. 0.050mol · L^{-1}　　E. 0.013mol · L^{-1}

20. 0.020mol · $L^{-1}$$NaNO_3$溶液中，离子强度 I 为(　　)

A. 0.10mol · L^{-1}　　B. 0.010mol · L^{-1}　　C. 0.020mol · L^{-1}

D. 0.040mol · L^{-1}　　E. 0.050mol · L^{-1}

21. 将葡萄糖固体溶于水后会引起溶液的(　　)

A. 沸点降低　　B. 熔点升高　　C. 蒸气压升高

D. 蒸气压降低　　E. 凝固点升高

22. 溶液凝固点降低值为 ΔT_f，溶质为 gg，溶剂为 Gg，溶质的相对分子质量是(　　)

A. $\dfrac{1000Gg}{K_f\Delta T_f}$　　B. $\dfrac{1000K_fg}{G\Delta T_f}$　　C. $\dfrac{1000G}{K_fg\Delta T_f}$

D. $\dfrac{K_fg\Delta T_f}{1000G}$　　E. $\dfrac{1000g\Delta T_f}{K_fG}$

23. 下列溶液能使红细胞发生溶血现象的是(　　)

A. 9.0g · L^{-1}的 NaCl 溶液

B. 50.0g · L^{-1}葡萄糖溶液

C. 5.0g · L^{-1}的 NaCl 溶液

D. 12.5g · L^{-1}的 $NaHCO_3$溶液

E. 9.0g · L^{-1}的 NaCl 溶液和 50.0g · L^{-1}葡萄糖溶液等体积混合

24. 质量浓度的单位是(　　)

A. g · L^{-1}　　B. mol · L^{-1}　　C. g · mol^{-1}　　D. g · g^{-1}　　E. L · mol^{-1}

25. 0.010mol · L^{-1}NaBr 溶液中，离子强度 I 为(　　)

A. 0.10mol · L^{-1}　　B. 0.010mol · L^{-1}　　C. 0.020mol · L^{-1}

D. 0.040mol · L^{-1}　　E. 0.050mol · L^{-1}

26. 1.0g · L^{-1}的葡萄糖溶液和 1.0g · L^{-1}的蔗糖溶液用半透膜隔开后，会发生以下哪种现

象(　　)

A. 蔗糖分子通过半透膜进入葡萄糖分子

B. 葡萄糖溶液中的水分子透过半透膜进入蔗糖溶液中

C. 蔗糖溶液中的水分子透过半透膜进入葡萄糖溶液中

D. 葡萄糖溶液和蔗糖溶液是等渗溶液

E. 葡萄糖分子透过半透膜进入蔗糖溶液中

27. 国际单位制有几个基本单位(　　)

A. 2　　B. 4　　C. 5　　D. 6　　E. 7

28. 符号 C 用来表示(　　)

A. 物质的质量　　B. 物质的量　　C. 物质的量浓度

D. 质量浓度　　E. 质量分数

29. 有关溶质摩尔分数 x_B 与溶剂摩尔分数 x_A 不正确的是(　　)

A. $x_B = \frac{n_A}{n_A + n_B}$　　B. $x_A = \frac{n_A}{n_A + n_B}$　　C. $x_B + x_A = 1$

D. $x_B + x_A = 2$　　E. $x_B = 1 - x_A$

30. 有关离子的活度系数 γ_i 的说法不正确的是(　　)

A. 一般,γ_i 只能是 <1 的正数　　B. γ_i 可以是正数、负数、小数

C. 溶液越浓,γ_i 越小　　D. 溶液无限稀时,$r_i \to 1$

E. 以上都错

31. 有关离子强度(I)的说法不正确的是(　　)

A. 溶液的离子强度越大,离子间相互牵制作用越大

B. 离子强度越大,离子的活度系数 γ 越小

C. 离子强度与离子的电荷及浓度有关

D. 离子强度越大,离子的活度 a 也越大

E. 离子强度与离子的本性无关

32. 关于稀溶液依数性的下列叙述中,错误的是(　　)

A. 稀溶液依数性是指溶液的蒸气压下降、沸点升高、凝固点降低和渗透压

B. 稀溶液的依数性与溶质的本性有关

C. 稀溶液的依数性与溶液中溶质的微粒数有关

D. 稀溶液定律只适用于难挥发非电解质稀溶液

E. 沸点升高是稀溶液依数性之一

33. 配制 3L 0.8mol · L^{-1} 的稀盐酸溶液,需 12mol · L^{-1} 的浓溶液为(　　)

A. 2L　　B. 4L　　C. 0.20L　　D. 20L　　E. 0.02L

34. 浓硫酸质量分数 $W = 98\%$,密度 1.84g · mL^{-1},则浓硫酸"物质的量" 浓度为(　　)

A. 18.4mol · L^{-1}　　B. 1.84mol · L^{-1}　　C. 18.4g · L^{-1}

D. 184mol · L^{-1}　　E. 18.4mol · kg^{-1}

A. $C = \frac{n}{V}$　　B. $b_B = \frac{n_B}{m_A}$　　C. $x_B = \frac{n_B}{n_A + n_B}$

D. $W_B = \dfrac{m_A}{m_A + m_B}$　　E. $x_B = 1 - x_A$

35. 计算溶液的物质的量浓度的公式是(　　)

36. 计算质量摩尔浓度的公式是(　　)

A. $I = \frac{1}{2}\sum_i C_i Z_i^2$($C_i$是离子浓度,$Z_i$是该离子的电荷数)

B. $I = \sum_i C_i Z_i^2$

C. $I = C_i Z_i^2$

D. $a_i = \gamma_i C_i$

E. $a_i = C_i$

37. 计算强电解质溶液中离子强度 I 的公式是(　　)

38. 计算强电解质溶液中离子活度 a 的公式是(　　)

A. 离子对　　B. 离子氛　　C. 离子对与离子氛

D. $a_i = \gamma_i C_i$　　E. $a_i = C_i$

39. 强电解质的表观电离度小于100%的原因是形成(　　)

40. 计算强电解质溶液的活度 a 的公式是(　　)

二、填空题

1. 从净结果看,渗透现象总是由________溶液向________溶液渗透。
2. 稀溶液依数性的本质是________;产生渗透的基本条件是________和________。
3. $100g \cdot L^{-1}$ 的葡萄糖溶液为________渗溶液,当静脉滴注大量高渗溶液,会引起________。
4. 海水结冰的温度比纯水结冰的温度________,其温度改变值可用________。
5. 强电解质的表观电离度小于100%的原因是溶液中形成________。
6. 无限稀的强电解质溶液的活度就是________。
7. 溶液的蒸气压比纯溶剂的________,溶液的沸点比纯溶剂的________。
8. 稀溶液的依数性有________,________,________和________。

三、是非题

1. $0.1mol \cdot L^{-1}$ HAc 与 $0.1mol \cdot L^{-1}$ HCl 的氢离子浓度相等。(　　)
2. 溶液中各溶质与溶剂的摩尔分数之和为1。(　　)
3. 强电解质在溶液中是完全电离的。(　　)
4. 溶液的离子强度越大,离子的活度也越大。(　　)
5. 任何两种溶液用半透膜隔开,都有渗透现象发生。(　　)
6. 通常,化学平衡常数 K 与浓度无关,而与温度有关。(　　)
7. 溶液的沸点是指溶液沸腾温度不变时的温度。(　　)
8. 一般来说,溶液中离子强度越大,活度系数越小。(　　)

9. 纯溶剂通过半透膜向溶液渗透的压力称为渗透压。(　　)
10. 溶质的溶解过程是一个物理过程。(　　)
11. 饱和溶液均为浓溶液。(　　)
12. 国际单位制有 7 个基本单位。(　　)
13. 0. 15mol · L^{-1}NaCl 溶液的沸点低于 0. 20mol · L^{-1}蔗糖的沸点。(　　)

四、简答题

1. 物质的量浓度与质量摩尔浓度的定义是什么? 各自的符号? 各自的单位?
2. 摩尔分数的定义? 代表符号? 单位? 溶液中各物质的摩尔分数之和为多少?
3. 活度的定义、符号及单位是什么? 它与离子的实际浓度 C_i有何关系?
4. 何谓离子强度 I? 影响它的因素有哪些? I与离子的活度系数 γ_i及离子的活度 a_1的定性关系式是什么?
5. 德拜 – 休克尔强电解质溶液理论要点是什么?
6. 稀溶液的依数性包括哪些?
7. 试述饱和溶液、过饱和溶液、未饱和溶液的含义及特点。
8. 稀溶液的依数性有哪几个? 分别是什么? 写出它们的公式(或数学表达式)?

五、计算题

1. 已知 NaCl 的摩尔质量是 58. 5g · mol^{-1},若将 5. 85gNaCl 溶于 100g 水中,则此 NaCl 溶液的质量摩尔浓度为多少?
2. 计算质量分数为 37% ,密度为 1. 19g · mL^{-1}的浓盐酸的物质的量浓度(mol · L^{-1})?(已知盐酸的摩尔质量是 36. 5g · mol^{-1})
3. 市售浓硫酸的浓度为 18. 4mol · L^{-1},现需 1L 3. 0mol · L^{-1}的稀硫酸,问需上述浓硫酸多少毫升?
4. 已知 NaCl 的摩尔质量是 58. 5g · mol^{-1},H_2O 的摩尔质量是 18g · mol^{-1},如将 10gNaCl 和 90g 水配成溶液,问该溶液中 NaCl 和 H_2O 的摩尔分数各为多少?
5. 计算 0. 01mol · L^{-1} $BaCl_2$溶液的离子强度 I?
6. 取 0. 749g 谷氨酸溶于 50. 0g 水中,其凝固点降低 0. 188K,求谷氨酸的摩质量。(已知水的 K_f = 1. 86K · kg · mol^{-1})
7. 烟草的有害成分尼古丁的实验式为 C_5H_7N ,今有 0. 60g 尼古丁溶于 12. 0g 水中,所得溶液在 101. 3kPa 下的沸点是 373. 16 K,求尼古丁的化学式。
8. 在水中,某蛋白质饱和溶液含溶质 5. 18g · L^{-1},293K 时其渗透压为 0. 413kPa,求此蛋白质的摩尔质量。
9. 测得人血浆的凝固点为 272. 44K,则血浆在 310K 时的渗透压为多少?(已知水的 K_f = 1. 86 K · kg · mol^{-1})

参考答案

一、选择题

1. B　2. A　3. B　4. B　5. C　6. B　7. D　8. C　9. B　10. B
11. B　12. E　13. D　14. A　15. C　16. A　17. A　18. A　19. A　20. C
21. D　22. B　23. C　24. A　25. B　26. C　27. E　28. C　29. D　30. B
31. D　32. B　33. C　34. A　35. A　36. B　37. A　38. D　39. C　40. D

二、填空题

1. 稀,浓　2. 溶液的蒸气压下降,半透膜的存在　半透膜两侧有浓度差(或膜两侧单位体积内溶剂分子不相等)　3. 高渗溶液,萎缩　4. 低,$\Delta T_f = K_f \cdot b_B$　5. 离子氛和离子对　6. 浓度　7. 低,高　8. 蒸气压下降,沸点升高,凝固点下降,渗透压

三、是非题

1. ×　2. √　3. √　4. ×　5. ×　6. √　7. ×　8. √　9. ×　10. ×
11. ×　12. √　13. ×

四、简答题

1. 答:(1) 物质的量浓度定义:每升溶液中所含溶质的摩尔数。或溶质的物质的量除以溶液的体积。用 C 表示,单位 $mol \cdot L^{-1}$。
   (2) 质量摩尔浓度的定义:每千克溶剂中所含溶质的摩尔数。或溶质的物质的量除以溶剂的质量。用 m_B表示,单位 $mol \cdot kg^{-1}$。
2. 答:摩尔分数的定义:某物质的物质的量与混合物的总物质的量之比。符号:x,单位:无,溶液中各物质的摩尔分数之和等于1。
3. 答:活度的定义:电解质溶液中,实际上可起作用的离子浓度称有效浓度,也称活度。符号:a,单位:$mol \cdot L^{-1}$,活度与离子浓度 C 的关系:$a_i = r_i C_i$,其中 r_i为活度系数
4. 答:(1) 离子强度的定义为 $I = \frac{1}{2}\sum C_i Z_i^2 (mol \cdot kg^{-1})$。
   (2) 它反映了电解质溶液中离子相互牵制作用的大小。
   (3) 它仅与溶液中各离子的浓度 C_i和电荷数 Z_i有关。
   (4) 而与离子的本性无关。
   (5) 离子浓度越大,价数越高,离子强度 I 越大,离子间的牵制作用越强,离子的活度系数 γ_i越小,离子的活度 a_i越小,反之亦然。
5. 答:(1) 强电解质在水溶液中是完全电离的。
   (2) 离子间存在着相互作用的库仑力,相互作用的结果使溶液中形成离子氛与离子对(与离子的浓度和电荷有关),从而限制了离子完全独立自由的运动。
   (3) 使离子的有效浓度比实际浓度降低。因此使强电解质表观电离度 < 100% 。

6. 答:稀溶液的依数性包括:蒸气压下降、沸点升高、凝固点下降、渗透压。
7. 答:(1) 饱和溶液:在一定温度和压强下,达到溶解结晶平衡时的溶液就是饱和溶液。饱和溶液的特点:在饱和溶液中所加入的溶质不能继续溶解。已溶解的溶质也不会析出结晶。
(2) 未(不)饱和溶液:在一定温度和压强下,小于该条件下饱和溶液浓度的溶液。不饱和溶液的特点:在不饱和溶液中所加入的溶质能继续溶解。
(3) 过饱和溶液:在一定温度和压强下,大于该条件下的饱和溶液浓度的溶液。过饱和溶液的特点:是一个不稳定体系,在过饱和溶液中加入溶质后,已溶解的部分溶质会析出(产生沉淀)。
8. 答:有 4 个,分别是蒸气压下降,沸点升高,凝固点下降和渗透压。公式:$\Delta p \approx Kb_B$;$\Delta T_b = K_b b_B$; $\Delta T = K_f b_B$; $\Pi = CRT$ 。

五、计算题

1. 解:

$$n_{NaCl} = \frac{5.85}{58.5} = 0.1(mol), m_{H_2O} = 100 \times 10^{-3} = 0.1(kg)$$

$$m_{NaCl} = \frac{n_{NaCl}}{m_{H_2O}} = \frac{0.1}{0.1} = 1(mol \cdot kg^{-1})$$

2. 解:浓盐酸的物质的量浓度为

$$C = \frac{1000 \times 1.19 \times 37\%}{36.5} = 12.06(mol \cdot L^{-1})$$

3. 解:已知 $C_{浓盐酸} = 18.4 mol \cdot L^{-1}$, $C_{稀硫酸} = 3.0 mol \cdot L^{-1}$, $V_{稀硫酸} = 1.0L$
设应取 $18.4 mol \cdot L^{-1}$浓硫酸 x mL
则根据稀释公式

$$C_{浓} V_{浓} = C_{稀} V_{稀}$$

$$18.4 V_{浓硫酸} = 3.0 \times 1.0, V_{浓硫酸} = 0.163(L) = 163(mL)$$

4. 解:

$$n_{NaCl} = \frac{质量}{摩尔质量} = \frac{10}{58.5} = 0.17(mol), n_{H_2O} = \frac{90}{18} = 5.0(mol)$$

NaCl 的摩尔分数

$$x_{NaCl} = \frac{0.17}{0.17 + 5.0} = 0.033$$

H_2O 的摩尔分数 $x_{H_2O} = \frac{5.0}{0.17 + 5.0} = 0.967$ 或 $x_{H_2O} = 1 - 0.033 = 0.967$

5. 解:

$$BaCl_2 = Ba^{2+} + 2Cl^- \quad [Ba^{2+}] = 0.01 mol \cdot L^{-1}, Z_{Ba^{2+}} = +2$$

$$[Cl^-] = 2 \times 0.01 = 0.02 mol \cdot L^{-1}, Z_{Cl^-} = -1$$

$$I = \frac{1}{2}\sum C_i Z_i^2 = \frac{1}{2}[0.01 \times 2^2 + 0.02 \times (-1)^2] = \frac{1}{2}(0.04 + 0.02) = 0.03(mol \cdot L^{-1})$$

6. 解:设谷氨酸的摩尔质量为 M_B
已知:水的 $K_f = 1.86 K \cdot kg \cdot mol^{-1}$
由

$$\Delta T_f = K_f b_B = K_f m_B / m_A M_B$$

得

$$M_B = K_f \cdot m_B / m_A \Delta T_f$$
$$= (1.86K \cdot kg \cdot mol^{-1} \times 0.749g)/(50g \times 0.188K)$$
$$= 0.148kg \cdot mol^{-1} = 148g \cdot mol^{-1}$$

7. 解：

$$\Delta T_b = K_b b_B = K_b \times \frac{m_B/M_B}{m_A/1000}$$

$$M_B = \frac{K_b m_B}{\Delta T_b m_A/1000} = \frac{0.512 \times 0.60}{(373.16 - 373.0) \times (12.0/1000)} = 160(g \cdot mol^{-1})$$

答:尼古丁的相对分子质量为81,因此尼古丁的化学式为 $C_{10}H_4N_2$。

8. 解：

$$\Pi = cRT = \frac{nRT}{V}$$

$$M_B = \frac{m_B RT}{\Pi V} = \frac{5.18 \times 8.314 \times 293}{0.413 \times 1.00} = 3.05 \times 10^4(g \cdot mol^{-1})$$

9. 解：

∵ 水的冰点为273K

∴ 血浆的冰点下降为

$$\Delta T_f = 273 - 272.44 = 0.56K$$

$$\because \Delta T_f = K_f b_B$$

$$\therefore b_B = \frac{\Delta T_f}{K_f}$$

$$\Pi = b_B RT$$

$$\Pi = \frac{\Delta T_f RT}{K_f} = \frac{0.56 \times 8.314 \times 310}{1.86} = 776(kPa)$$

（海力茜·陶尔大洪）

第2章 化学平衡

基本要求

1. 掌握化学平衡的概念,实验平衡常数表达式、标准平衡常数表达式和意义。
2. 掌握标准平衡常数表达式的书写和应用标准平衡常数表达式时注意事项。
3. 掌握多重平衡规则和应用。
4. 熟悉化学平衡移动的原理及影响化学平衡移动的因素和应用。
5. 了解化学反应的可逆性。

学习要点

一、化学反应的可逆性和化学平衡

可逆反应:在同一条件下,既能按反应方程式向某一方向进行又能向相反方向进行的反应叫可逆反应。多数反应是可逆反应。

化学平衡:对于可逆反应,无论先只有反应物或先只有生成物或先两者兼有,只要体系不与外界进行物质交换,都会发生正反应和逆反应,并最终达到正反应速率和逆反应速率相等的状态,这种状态称为化学平衡状态,简称化学平衡。

化学平衡的特点:达到平衡时,反应体系内各物质的浓度已不在随时间而改变。

二、标准平衡常数 K^{θ}

相对平衡浓度:体系达平衡时各物质的浓度称为平衡浓度,若把平衡浓度除以标准态浓度 C^{θ}($C^{\theta}=1\text{mol}\cdot\text{L}^{-1}$)得到的比值称为相对平衡浓度。

标准平衡常数:对理想溶液中进行的任一可逆反应在一定温度下达到平衡时,生成物的相对平衡浓度以反应方程式中的计量系数为指数幂的乘积,与反应物的相对平衡浓度以反应方程式中的计量数为指数的幂的乘积之比为一常数,该常数以 K_C^{θ} 表示,称为标准浓度平衡常数。

对于一理想溶液的任一可逆反应

$$a\text{A(aq)} + b\text{B(aq)} \rightleftharpoons d\text{D(aq)} + e\text{E(aq)}$$

在一定温度下达平衡。

标准浓度平衡常数

$$K_C^{\ominus} = \frac{\left[\frac{[D]}{C^{\ominus}}\right]^d \left[\frac{E}{C^{\ominus}}\right]^e}{\left[\frac{[A]}{C^{\ominus}}\right]^a \left[\frac{B}{C^{\ominus}}\right]^b}$$

同理,对于一理想气体反应

$$aA(g) + bB(g) \rightleftharpoons dD(g) + eE(g)$$

标准压力平衡常数

$$K_P^{\ominus} = \frac{\left[\frac{P_D}{P^{\ominus}}\right]^d \left[\frac{P_E}{P^{\ominus}}\right]^e}{\left[\frac{P_A}{P^{\ominus}}\right]^a \left[\frac{P_B}{P^{\ominus}}\right]^b}$$

$P^{\ominus}$表示标准压力,$P^{\ominus} = 100kP_a$。此时,标准压力平衡常数因平衡体系中各物质用相对平衡分压来表示,故称为标准压力平衡常数 $K_P^{\ominus}$。

因平衡常数可以由实验直接测定,故也叫实验平衡常数或经验平衡常数 K。通常有浓度平衡常数 K_C 和压力平衡常数 K_P,其表达式为

$$K_C = \frac{[D]^d[E]^e}{[A]^a[B]^b} \qquad K_P = \frac{[P_D]^d[P_E]^e}{[P_A]^a[P_B]^b}$$

三、多 重 平 衡

多重平衡:如果有几个反应,它们在同一体系中有都处于平衡状态,体系中各物质的分压或浓度必同时满足这几个平衡,这种现象叫多重平衡。如对于平衡:

(1) $SO_2(g) + 1/2O_2(g) = SO_3(g)$ $K_{P_1}^{\ominus}$

(2) $NO_2(g) = NO(g) + 1/2O_2(g)$ $K_{P_2}^{\ominus}$

(3) $SO_2(g) + NO_2(g) = NO(g) + SO_3(g)$ $K_{P_3}^{\ominus}$

反应(1) + 反应(2) = 反应(3)

$$K_{P_3}^{\ominus} = K_{P_2}^{\ominus} K_{P_1}^{\ominus}$$

多重平衡规则:这种在多重平衡体系中,如果一个反应由另外两个或多个反应相加或相减而来,则该反应的平衡常数等于这两个或多个反应平衡常数的乘积或商,这个规律称为多重平衡规则。

四、化学平衡移动

(1) 浓度对化学平衡的影响。

(2) 压力对化学平衡的影响。

(3) 温度对化学平衡的影响。

(4) Le Chatelier 平衡移动原理:假如改变平衡体系的条件之一,如浓度、压力或温度等,平衡就向减弱这个改变的方向移动。

催化剂只能加快达到平衡,对化学平衡移动没有影响。

强化训练

一、选择题

1. 下列说法中正确的是(　　)
   A. 对于同一反应来说,在一定温度下,无论起始浓度如何,在平衡体系中各反应物的浓度都是一样的
   B. 对于同一反应来说,在一定温度下,无论起始浓度如何,在平衡体系中各反应物的平衡转化率都是一样的
   C. 平衡常数与反应物的浓度无关,但随温度的变化而有所改变
   D. 化学平衡定律适用于任何化学反应
   E. 平衡常数与反应物的温度无关,但随浓度的变化而有所改变。
2. 温度 T 时,反应 $2CO(g) + O_2(g) \rightleftharpoons 2CO_2(g)$ $K_P = b$ 反应(g), $CO(g) + 1/2O_2(g) \rightleftharpoons CO_2(g)$,则 $K_{P'}$ 是(　　)
   A. b　　B. 1/b　　C. $b^{1/2}$　　D. $1/b^2$　　E. b^3
3. 氯气和氢气反应: $H_2(g) + Cl_2(g) \rightleftharpoons 2HCl(g)$,在 298K 下,$K_P = 4.4 \times 10^{32}$ 这个极大的 K_P 值说明该反应是(　　)
   A. 逆向进行的十分完全　　B. 正向进行的程度大　　C. 逆向不发生
   D. 正向进行的程度不大　　E. 正向不发生
4. NH_4Ac 在水中存在如下平衡
   (1)　$NH_3 + H_2O \rightleftharpoons NH_4^+ + OH^-$　　K_1
   (2)　$NH_4^+ + Ac^- \rightleftharpoons NH_3 + HAc$　　K_2
   (3)　$HAc + H_2O \rightleftharpoons Ac^- + H_3O^+$　　K_3
   (4)　$2H_2O \rightleftharpoons OH^- + H_3O^+$　　K_4
   这四个反应的平衡常数之间的关系是(　　)
   A. $K_3 = K_1K_2K_4$　　B. $K_3K_4 = K_1K_2$　　C. $K_4 = K_1K_2K_3$
   D. $K_1K_4 = K_3K_2$　　E. $K_2K_4 = K_1K_3$
5. 温度 T 时,反应 $2SO_2(g) + O_2(g) \rightleftharpoons 2SO_3(g)$ $K_P = a$
   则反应 $2SO_3(g) \rightleftharpoons 2SO_2(g) + O_2(g)$ 的 K_P 是(　　)
   A. a　　B. $1/a$　　C. a^2
   D. $1/a^2$　　E. a^3
6. 已知 $2H_2(g) + S_2(g) \rightleftharpoons 2H_2S(g)$ K_{P_1}, $2Br_2(g) + 2H_2S(g) \rightleftharpoons 4HBr(g) + S_2(g)$ K_{P_2},则反应 $H_2(g) + Br_2(g) \rightleftharpoons 2HBr(g)$ 的 K_{P_3} 为(　　)
   A. $(K_{P_1}/K_{P_2})^{1/2}$　　B. $(K_{P_1}K_{P_2})^{1/2}$　　C. K_{P_2}/K_{P_1}
   D. $K_{P_1}K_{P_2}$　　E. $K_{P_1} = K_{P_2}$

7. 当气态的 SO_2,SO_3,NO,NO_2在一个反应器里共存时,至少会有以下反应存在

$$SO_2(g) + 1/2O_2(g) \rightleftharpoons SO_3(g) \quad K_{P_1}$$

$$NO_2(g) \rightleftharpoons NO(g) + 1/2O_2(g) \quad K_{P_2}$$

$$SO_2(g) + NO_2(g) \rightleftharpoons SO_3(g) + NO(g) \quad K_{P_3}$$

这三个反应的压力平衡常数之间的关系是（　　）

A. $K_{P_1}K_{P_3} = K_{P_2}$　　B. $K_{P_3} = K_{P_1}K_{P_2}$　　C. $K_{P_1}K_{P_3}K_{P_2} = 0$

D. $K_{P_1} = K_{P_2}/K_{P_3}$　　E. $K_{P_3} = K_{P_1}/K_{P_2}$

8. 下列叙述中正确的是（　　）

A. 反应物的转化率不随起始浓度而变

B. 平衡常数不随温度变化

C. 一种反应物的转化率随另一种反应物起始浓度而变

D. 平衡浓度随起始浓度不同而变化

E. 平衡浓度与生成物的浓度无关

9. 下列哪一种关于平衡移动的说法是正确的（　　）

A. 浓度越大,平衡移动越困难

B. 平衡移动是指反应从不平衡达到平衡的过程

C. 温度越高,平衡移动越容易

D. 压缩很难使溶液中的化学平衡移动

E. 压缩很容易使溶液中的化学平衡移动

10. 在反应 $A + B \rightleftharpoons C + D$ 中,开始时只有 A,B,经过长时间,最终结果是（　　）

A. C 和 D 浓度大于 A 和 B　　B. A 和 B 浓度大于 C 和 D

C. A,B,C,D 浓度不再变化　　D. A,B,C,D 分子不再反应

E. A,B,C,D 浓度还在变化

11. 要实现一个化学反应从反应物完全变到产物这个反应的速率不能太小,它的（　　）

A. 平衡常数必须较大　　B. 产物必须可以不断转移　　C. A 和 B 条件都须满足

D. K 较小　　E. 产物不必转移

12. 相同温度下,下面反应的 K_C 和 K_P 是（　　）

$$Cl_2(g) + 2KBr(s) \rightleftharpoons 2KCl(s) + Br_2(g)$$

A. $K_C > K_P$　　B. $K_C < K_P$　　C. $K_C = K_P$

D. K_C 和 K_P 无一定关系　　E. $K_C = K_P = 0$

13. 已知:

$$CO_2(g) + H_2(g) \rightleftharpoons CO(g) + H_2O(g) \quad K_{P_1}$$

$$CoO(s) + H_2(g) \rightleftharpoons Co(s) + H_2O(g) \quad K_{P_2}$$

$$CoO(s) + CO(g) \rightleftharpoons Co(s) + CO_2(g) \quad K_{P_3}$$

这三个反应的压力平衡常数之间的关系是（　　）

A. $K_{P_3} = K_{P_1}/K_{P_2}$　　B. $K_{P_3} = K_{P_2}/K_{P_1}$　　C. $K_{P_1}K_{P_2}K_{P_3} = 0$

D. $K_{P_3} = K_{P_1}K_{P_2}$　　E. $K_{P_1} = K_{P_2}K_{P_3}$

14. Le Chatelier 原理是指(　　)

A. 适用于已经达到平衡的体系，也适用于未达到平衡的体系

B. 既不适用于已经达到平衡的体系，也不适用于未达到平衡的体系

C. 如果改变平衡状态的任一条件，如浓度、压力、温度，平衡则向减弱这个改变的方向移动

D. 如果改变平衡状态的任一条件，如浓度、压力、温度，平衡则向增强这个改变的方向移动

E. 如果改变平衡状态的任一条件，如浓度、压力、温度，平衡不发生移动

15. 用浓度表示溶液中化学平衡时，平衡常数表示式只在浓度不太大的时候适用，这是因为高浓度时（　　）

A. 浓度与活度的偏差较明显　B. 溶剂的体积小于溶液体积　C. 浓度等于活度

D. 还有其他化学平衡存在　E. 平衡定律不适用

16. 对于任一可逆反应：$aA(g) + bB(g) \rightleftharpoons dD(g) + eE(g)$ 在一定温度下达到平衡状态时，各反应物和生成物浓度间的关系式是（　　）

A. $\frac{[D][E]}{[A][B]}$　B. $\frac{[A][B]}{[D][E]}$　C. $\frac{[D]^d[E]^e}{[A]^a[B]^b}$

D. $\frac{[A]^d[B]^e}{[D]^a[E]^b}$　E. $\frac{d[D]e[E]}{a[A]b[B]}$

17. 对化学反应平衡常数的数值（指同一种表示法）有影响的最主要因素是（　　）

A. 反应物质的浓度　B. 体系的温度　C. 体系的总压力

D. 实验测定的方法　E. 反应物质的分压

18. 下列反应达平衡时，$2SO_2(g) + O_2(g) \rightleftharpoons SO_3(g)$，保持体积不变，加入惰性气体 He，使总压力增加一倍，则平衡移动的方向是（　　）

A. 平衡向左移动　B. 平衡向右移动　C. 平衡不发生移动

D. 条件不充足，不能判断　E. 先向左移动，再向右移动

19. 已知反应 $A_2(g) + 2B(g) \rightleftharpoons 2AB_2(g)$，为吸热反应，为使平衡向正反应方向移动，应采取的措施是（　　）

A. 降低总压力，降低温度　B. 增加总压力，升高温度

C. 增加总压力，降低温度　D. 降低总压力，升高温度

E. 总压力不变，升高温度

20. 已知

$$H_2(g) + S(s) \rightleftharpoons H_2S(g) \quad K_1$$
$$S(s) + O_2(g) \rightleftharpoons SO_2(g) \quad K_2$$

则反应 $H_2(g) + SO_2(g) \rightleftharpoons O_2(g) + H_2S(g)$ 的平衡常数是（　　）

A. $K_1 + K_2$　B. $K_1 - K_2$　C. K_1K_2

D. K_1/K_2　E. $(K_1K_2)^{1/2}$

21. 500K 时，反应 $SO_2(g) + 1/2\ O_2(g) \rightleftharpoons SO_3(g)$ 的 $K_P = 50$，在同温下，反应 $2SO_3(g) \rightleftharpoons 2SO_2(g) + O_2(g)$ 的 K_P 必等于（　　）

A. 100　B. 2×10^{-2}　C. 2500

D. 4×10^{-4}　E. 500

22. 下列说法中错误的是（　　）

A. 压力改变对固体和气体反应的平衡体系几乎没有影响

B. 总压力改变对那些前后计量系数不变的气相反应的平衡没有影响

C. 增大压力平衡向气体计量系数减小(或气体体积缩小)的方向移动

D. 减小压力平衡向气体计量系数增大(或气体体积增加)的方向移动

E. 增大压力平衡向气体计量系数增大(或气体体积增加)的方向移动

23. 水蒸气在室温下(298K)的分解反应 :$2H_2O\ (g) \rightleftharpoons 2H_2\ (g) + O_2\ (g)$,$K_C = 1.1 \times 10^{-81}$ 这个K_C值很小,针对该反应下列说法错误的是 (　　)

A. 正向进行的程度极微弱　　B. 正向进行的程度极大　　C. K_C与反应温度有关

D. 平衡时生成物浓度极小　　E. K_C与反应浓度无关

24. 下列说法错误的是(　　)

A. 温度对化学平衡的影响与化学反应的热效应有直接关系

B. 温度对化学平衡的影响导致了平衡常数数值的改变

C. 改变浓度不但使平衡点改变,而且还改变了平衡常数数值

D. 改变浓度只能使平衡点改变,不会改变平衡常数数值

E. 改变压力只能使平衡点改变,不会改变平衡常数数值

25. 下列说法错误的是 (　　)

A. 在平衡常数表达式中各物质的浓度或分压力是指平衡时浓度或分压力,并且反应物的浓度或分压力要写成分母

B. 如果在反应体系中有固体或纯液体参加时,它们的浓度不写到平衡常数表达式中

C. 在稀溶液中进行的反应,虽有水参与反应,但其浓度也不写进平衡常数表达式

D. 平衡常数表达式必须与反应方程式相对应

E. 正逆反应的平衡常数值相等

温度 T 时, 反应: $N_2 + 3H_2 \rightleftharpoons 2NH_3$　　$K_C = d$

A. d　　B. $d^{1/2}$　　C. $1/d$　　D. $1/d^2$　　E. d^3

26. $1/2N_2 + 3/2H_2 \rightleftharpoons NH_3$的 K_C是(　　)

27. $2NH_3 \rightleftharpoons 3H_2 + N_2$的 K_C是(　　)

A. 平衡常数表达式中各物质的浓度是反应达到平衡时有关物质的浓度

B. 各物质的浓度项的指数与化学反应方程式中相应各物质化学式前的系数不一致

C. 平衡常数关系式适用于任何体系

D. 对于多相反应,其平衡常数表示式中包括固体物质的量

E. 平衡转化率,是指平衡时某反应物已转化了的反应物的量,占该反应物起始的物质的量的百分数

28. 平衡常数的说法正确的是(　　)

29. 平衡转化率是

对于一个已达平衡的气体反应, 如 $N_2\ (g) + 3H_2\ (g) \rightleftharpoons 2NH_3(g)$ (　　)

A. $\dfrac{[N_2][H_2]^2}{[NH_3]}$　　B. $\dfrac{[NH_3]^3}{[N_2][H_2]^2}$　　C. $\dfrac{P_{N_2}P_{H_2}^3}{P_{NH_3}^2}$

D. $\frac{P_{NH_3}^2}{P_{N_2}P_{H_2}^3}$　　E. $[NH_3]^2[N_2][H_2]^3$

30. K_C的表达式为(　　)
31. K_P的表达式为(　　)

反应给定时,化学平衡常数 K_C 值与(　　)

A. C　　B. T　　C. P

D. C 和 P　　E. T 和 P

32. 与(　　)无关
33. 与(　　)有关

二、填空题

1. 平衡常数表达式中分子项是________分母项是________，所以平衡常数 K 值越大,正向反应进行的程度________。
2. K 值越大,表示平衡体系中产物浓度越________,也说明反应完成程度越________,平衡转化率越________。
3. 如果一个反应由另外两个或多个反应相加或相减而来,则该反应的平衡常数等于这两个或多个反应平衡常数的________或________，这个规律叫________。
4. 对于已经达到平衡状态的反应体系,如果________反应物的浓度平衡向________反应物的浓度的正反应方向移动。
5. 升高温度,平衡向________方向移动;降低温度,平衡向________方向移动。
6. 写出下列反应的平衡常数 K_C 和 K_P 的表达式________;________。

   $Fe_3O_4(s)+4H_2(g) \rightleftharpoons 3Fe(s)+4H_2O(g)$
7. 下列反应的平衡常数 K_C 和 K_P 的表达式________;________。

   $NO(g)+1/2O_2(g) \rightleftharpoons NO_2(g)$
8. 写出下列反应的平衡常数 K_C 的表达式________。

   $Cr_2O^{2}_{-7}(aq)+H_2O(l) \rightleftharpoons 2CrO_4^{2-}(aq)+2H^+(aq)$
9. 写出下列反应的平衡常数 K_C 的表达式________。

   $CH_3COOH(l)+C_2H_5OH(l) \rightleftharpoons CH_3COOC_2H_5(l)+H_2O(l)$
10. 写出下列反应的平衡常数 K_C 和 K_P 的表达式________和________。

    $2NOBr(g) \rightleftharpoons 2NO(g)+Br_2(l)$
11. 写出下列反应的平衡常数和 K_C 和 K_P 的表达式________ 和 ________。

    $MgCO_3(s) \rightleftharpoons MgO(s)+CO_2(g)$

三、是非题

1. 平衡常数关系式中,稀溶液的水分子浓度可不必列入。(　　)
2. 平衡常数表达式中各物质的浓度或分压力都是反应平衡时有关物质的浓度或分压力。(　　)
3. 平衡常数表达式中各物质的浓度项的指数与化学反应方程式中相应各物质化学式前的

计量系数一致。(　　)

4. 对于多相反应,其平衡常数表达式中包括固体物质的量。(　　)
5. 平衡常数关系式仅适用于平衡体系。(　　)
6. 转化率与平衡常数均表示化学反应进行的程度,均与温度有关,而与浓度无关。(　　)
7. 平衡常数的数值是反应进行程度的标志,所以对某反应不管是正反应还是逆反应其平衡常数均相同。(　　)
8. 在某温度下,密闭容器中反应 $2NO(g) + O_2(g) \rightleftharpoons 2NO_2(g)$ 达到平衡,当保持温度和体积不变充入惰性气体,总压将增加,平衡向气体分子数减少即生成 NO_2 的方向移动。(　　)
9. 化学平衡定律适用于任何可逆反应。(　　)
10. 恒温下,当一化学平衡发生移动时,虽然其平衡常数不发生变化,但转化率却会改变。(　　)
11. 可逆反应达平衡后,各反应物和生成物的浓度一定相等。(　　)
12. 反应前后计量系数相等的反应,改变体系的总压力对平衡没有影响。(　　)
13. 标准平衡常数随起始浓度的改变而变化。(　　)
14. 任何可逆反应而言,其正反应和逆反应的平衡常数之积等于1。(　　)
15. 增大反应物的浓度,平衡体系将向逆反应方向移动。(　　)
16. 通常,化学平衡常数 K 与浓度无关,而与温度有关。(　　)
17. 平衡常数的大小与方程式的书写无关。(　　)

四、简答题

1. 何谓化学平衡状态?
2. 何谓化学平衡的移动?
3. 简述浓度是怎样影响化学平衡的?
4. 简述改变某气体的分压力对化学平衡的影响?
5. 表述 Le Chatelier 平衡移动的原理。

五、计算题

1. 已知:(1) $CO_2(g) + H_2(g) \rightleftharpoons CO(g) + H_2O(g)$　$K_1 = 0.14(823K)$

　　(2) $CoO(s) + H_2(g) \rightleftharpoons Co(s) + H_2O(g)$　$K_2 = 67(823K)$

　　求 823K 时,反应(3) $CoO(s) + CO(g) \rightleftharpoons Co(s) + CO_2(g)$ 的平衡常数 K_3。

2. 已知:(1) $SO_2(g) + 1/2O_2(g) \rightleftharpoons SO_3(g)$　$K = 20(973K)$

　　(2) $NO_2(g) \rightleftharpoons NO(g) + 1/2O_2(g)$　$K = 0.012(973K)$

　　求 973K 时,反应 $SO_2(g) + NO_2(g) \rightleftharpoons SO_3(g) + NO(g)$ 的平衡常数 K_3。

3. 在某温度下,反应 $H_2 + Br_2 \rightleftharpoons 2HBr$ 在下列浓度时建立平衡:$[H_2] = 0.50mol \cdot L^{-1}$,$[Br_2] = 0.10mol \cdot L^{-1}$,$[HBr] = 1.60mol \cdot L^{-1}$,求平衡常数 K_C。
4. 在某温度下,已知反应 $2SO_2(g) + O_2(g) \rightleftharpoons 2SO_3(g)$　$K_C = 0.15$,

　　求 $SO_3(g) \rightleftharpoons O_2(g) + 2SO_2(g)$ 平衡常数 K'_C。

5. 某温度下反应 $CO(g) + H_2O(g) \rightleftharpoons CO_2(g) + H_2(g)$ 的平衡常数为1.0,如反应开始时 $[CO_2] = 0.2mol \cdot L^{-1}$,$[H_2] = 0.8mol \cdot L^{-1}$,试计算平衡时各物质的浓度。

6. 在773K时,反应 $N_2 + 3H_2 \rightleftharpoons 2NH_3$ 的 $K_C = 6.0 \times 10^{-2}$,在此平衡体系中含$[H_2]^- = 0.25 mol \cdot L^{-1}$, $[NH_3] = 0.05 mol \cdot L^{-1}$, 求此体系中 N_2 的浓度和压力。($R = 8.314\ kPa \cdot L \cdot mol^{-1} \cdot K^{-1}$)

参考答案

一、选择题

1. C 2. C 3. B 4. C 5. B 6. D 7. B 8. C 9. D 10. C
11. C 12. C 13. B 14. C 15. A 16. C 17. B 18. C 19. B 20. D
21. D 22. E 23. B 24. C 25. E 26. B 27. C 28. A 29. E 30. B
31. D 32. A 33. B

二、填空题

1. 生成物平衡浓度幂次方的乘积,反应物平衡浓度幂次方的乘积,越大 2. 大,大,大

3. 乘积,商,多重平衡规则 4. 增大,减小 5. 吸热反应 放热反应 6. $K_C = \frac{[H_2O]^4}{[H_2]^4}$,

$K_P = \frac{P^4 H_2O}{P^4 H_2}$ 7. $K_C = \frac{[NO_2]}{[NO][O_2]^{\frac{1}{2}}}$ $K_P = \frac{P_{NO_2}}{P_{NO} \cdot P_{O_2}^{\frac{1}{2}}}$ 8. $K_C = \frac{[CrO_4^{2-}]^2[H^+]^2}{[Cr_2O_7^{-2}]}$

9. $K_C = \frac{[CH_3COOC_2H_5]}{[CH_3COOH][C_2H_5OH]}$ 10. $K_P = \frac{P_{NO}^2}{P_{NOBr}^2}$ 11. $K_C = [CO_2]$ $K_P = P_{CO_2}$

三、是非题

1. √ 2. √ 3. √ 4. × 5. √ 6. × 7. × 8. √ 9. √ 10. ×
11. × 12. × 13. × 14. √ 15. × 16. √ 17. ×

四、简答题

1. 答:在一定条件下,正反应速率和逆反应速率相等,反应体系中各物质浓度已不再随时间而改变的状态,称为化学平衡状态。
2. 答:由于外界条件的改变,使可逆反应从一种平衡状态向另一种平衡状态转变的过程,叫做化学平衡移动。
3. 答:如果增大某反应物的浓度或减小产物的浓度,体系将向减小反应物的浓度或增大产物的浓度的方向,即向正反应的方向移动。

   如果增大平衡体系中产物的浓度或减小平衡体系的反应物的浓度,体系将向减小产物或增大反应物浓度的方向,即逆反应的方向移动。
4. 答:如果增大某反应物的分压力或减小某产物的分压力,平衡将向正反应的方向移动,使反应物的分压力减小或产物的分压力增大。

   如果减小反应物的分压力或增大产物的分压力,平衡将向逆反应的方向移动,使反应物的分压力增大和产物的分压力减小。平衡移动的结果是使改变的影响减弱。
5. 答:如果改变平衡状态的任一条件,如浓度、压力、温度,平衡则向减弱这个改变的方向移动。

五、计算题

1. 解:从反应式来看 (3) = (2) - (1)

根据多重平衡规则

$$K_3 = P_{CO_2}/P_{CO} = K_2/K_1 = 67/0.14 = 4.79\times10^2$$

2. 解:从反应式来看 (3) = (1) + (2)

根据多重平衡规则

$$K_3 = K_1\times K_2 = 20\times0.012 = 0.24$$

3. 解:

$$H_2 + Br_2 \rightleftharpoons 2HBr$$

平衡浓度($mol\cdot L^{-1}$)　　0.5　　0.1　　1.6

由平衡常数的表达式

$$K_C = \frac{[HBr]^2}{[H_2][Br_2]} = (1.6)^2/0.5\times0.1 = 51.2$$

4. 解: 反应(1) $SO_3(g) \rightleftharpoons O_2(g) + 2SO_2(g)$是

已知反应 $2SO_2(g) + O_2(g) \rightleftharpoons 2SO_3(g)$的逆反应

故

$$K_C = \frac{[SO_3]^2}{[SO_2][O_2]} = \frac{1}{K_C} = \frac{1}{0.15} = 6.67$$

5. 解: $CO(g) + H_2O(g) \rightleftharpoons CO_2(g) + H_2(g)$

初浓度 0　　0　　0.2　　0.8

平衡浓度 x　　x　　$(0.2-x)$　　$(0.8-x)$

($mol\cdot L^{-1}$)

由平衡常数的表达式

$$K_C = \frac{[CO_2][H_2]}{[CO][H_2O]} = \frac{(0.2-x)(0.8-x)}{x^2} = 1.0$$

解得　　$x = 0.16(mol\cdot L^{-1})$

故平衡时各物质浓度为

$$[CO_2] = 0.2-x = 0.2-0.16 = 0.04\ (mol\cdot L^{-1})$$

$$[H_2] = 0.8-x = 0.8-0.16 = 0.64(mol\cdot L^{-1})$$

$$[CO] = [H_2O] = x = 0.16(mol\cdot L^{-1})$$

6. 解:

$$N_2 + 3H_2 \rightleftharpoons 2NH_3$$

$$K_C = \frac{[NH_3]^2}{[N_2][H_2]^3} = 6.0\times10^{-2}$$

$$[N_2] = \frac{[NH_3]^2}{K_C[H_2]^3} = \frac{(0.05)^2}{(0.25)^3\times6.0\times10^{-2}} = 2.67(mol\cdot L^{-1})$$

$$P_{总} = \frac{n_{总}RT}{V} = \frac{0.250+0.05+2.67}{8.314\times773} = 190.87\times10^2(kPa)$$

$$P_{总} = n_{总}RT/V = (0.250+0.050+2.67)\times8.314\times773 = 190.87\times10^2(kPa)$$

(顾蔚莉)

第3章 酸碱平衡

基本要求

1. 掌握酸碱质子理论定义和能熟练判断出共轭酸碱对。
2. 掌握弱酸和弱碱的电离平衡,酸碱的强弱和正确判断酸碱反应进行的方向。
3. 掌握共轭酸碱对的酸度常数 K_a 和碱度常数 K_b 之间的关系和溶液酸碱度的计算及稀释定律。
4. 掌握路易斯酸碱概念和应用。
5. 掌握一元弱酸(弱碱)溶液中氢离子(氢氧根离子)浓度的最简公式和应用公式的条件及相关计算。
6. 掌握酸碱电离平衡移动。
7. 掌握缓冲溶液的概念、组成、作用机理、缓冲溶液 pH 的计算和缓冲对的选择及配制。
8. 熟悉质子自递常数 K_w 的意义和 pH 的计算公式。
9. 熟悉多元弱酸(碱)的电离平衡和电离平衡常数之间的关系。
10. 熟悉人体正常 pH 的维持与失控 。
11. 了解一元弱酸(弱碱)电离平衡的近似计算公式和适用公式的条件及有关计算。
12. 了解两性物质的电离平衡。

学习要点

一、酸碱理论

酸碱质子理论定义:凡能给出质子的物质就是酸,酸是质子给予体,凡能接受质子的物质就是碱,碱是质子接受体。酸与碱反应生成新的酸和新的碱。

酸和碱之间互为共轭:

$$\text{酸} \rightleftharpoons \text{质子} + \text{碱}$$

$$HCl = H^+ + Cl^-$$

$$NH_4^+ \rightleftharpoons H^+ + NH_3$$

具有这种共轭关系的酸碱称为共轭酸碱对,共轭酸的 K_a 和共轭碱的 K_b 之间存在:

$$K_a = \frac{K_w}{K_b} \quad \text{(水溶液体系)}$$

例如:对于醋酸的电离,$HAc \rightleftharpoons H^+ + Ac^-$

存在有 $$K_{b,AC^-} = \frac{K_w}{K_{a,HAC}}$$

质子理论认为，共轭酸碱对的半反应都是不能单独存在的，有一个共轭酸碱对只是构成酸碱反应的半反应，因为酸不能自动放出质子，碱也不能自动接受质子，只有酸碱同时存在时，酸碱性质才能通过质子的转移而体现出来。总之，一切酸碱反应都是质子的传递反应。

例如：弱酸电离

$$HAc + H_2O \rightleftharpoons H_3O^+ + Ac^-$$

酸$_1$　碱$_2$　酸$_2$　碱$_1$

弱酸　　　　强碱

上述反应是有 2 个共轭酸碱对组成：

酸$_1$ − 碱$_1$：　$HAc\text{-}Ac^-$

碱$_2$ − 酸$_2$：　$H_2O\text{-}H_3O^+$

酸碱反应方向的通式为：

较强酸（强酸）+ 较强碱（强碱）→较弱酸（弱酸）+ 较弱碱（弱碱）

酸碱电子理论

定义：凡是接受电子对的物质就是酸，即路易斯酸。酸是电子对接受体，凡能给出电子对的物质就是碱，即路易斯碱。碱是电子对给予体。酸碱反应生成配合物。

二、水的离子积

水存在着自偶电离平衡，其平衡常数 K_w 称为水的离子积，其数值在室温时为 1.0×10^{-14}。

纯水或稀溶液中 $[H^+]$ 与 $[OH^-]$ 的乘积，恒等于此值，即

$$K_w = [H^+]\cdot[OH^-] = 1.0\times10^{-14}$$

水溶液的酸碱度还可以用 pH 来表示

$$pH = lg[H^+],\ pOH = lg[OH^-]$$

pH 愈小，酸度愈大（碱度愈小）；pH 愈大，酸度愈小（碱度愈大）。

三、一元弱酸、弱碱电离平衡的计算

1. 一元弱酸 HA

$$HA \rightleftharpoons H^+ + A^-$$

$$[H^+] = \frac{-K_a}{2} + \sqrt{\frac{K_a^2}{4} + K_b C}$$

当　$$\frac{C}{K_a} \geqslant 500,\ [H^+] = \sqrt{K_a C}$$

该公式为一元弱酸溶液中 H^+ 浓度的最简计算式　(1)

2. 一元弱碱 B

$$B + H_2O \rightleftharpoons HB^+ + OH^-$$

$$[OH^-] = \frac{-K_b}{2} \sqrt{\frac{K_b^2}{4} + K_b C}$$

当 $\frac{C}{K_b} \geqslant 500$，$[OH^-] = \sqrt{K_b / C}$

该公式为一元弱碱溶液中 OH^- 浓度的最简计算式 (2)

稀释定律

$$a = \sqrt{K_a / C}$$

四、多元弱酸、弱碱电离平衡的计算

1. 多元弱酸 H_2A

$$H_2A \rightleftharpoons H^+ + HA^-$$

$$HA^- \rightleftharpoons H^+ + A^{2-}$$

当 $K_{a_1} \gg K_{a_2}$ 时，$[H^+]$按一元酸计算(利用公式)；体系中的$[A^{2-}]$约等于 K_{a_2}。

2. 多元弱碱 B^{2-}

$$B^{2-} + H_2O \rightleftharpoons HB^- + OH^-$$

$$HB^- + H_2O \rightleftharpoons H_2B + OH^-$$

当 $K_{b_1} \gg K_{b_2}$ 时，$[OH^-]$按一元弱碱计算(利用公式)；体系中的$[H_2B]$约等于 K_{b_2}。

对像 Na_3PO_4 这样的多元碱，其他平衡的计算，根据平衡进行类似处理。

五、两性物质的计算

对于像 $NaHCO_3$，NaH_2PO_4，Na_2HPO_4 和氨基酸这样的两性物质，当$K'_a C \geqslant 20K_w$ 时，两性物质 H^+ 浓度计算最简式为

$$[H^+] = \sqrt{K_a K'_a}$$

K_a 为该两性物作为酸时的酸度常数，K'_a 为该两性物作为碱时其共轭酸的酸度常数。

六、酸碱电离平衡移动

1. 同离子效应　在弱电解质溶液中，加入与该弱电解质有共同离子的强电解质而使电离平衡向左移动，从而降低弱电解质电离度的现象叫同离子效应。

2. 盐效应　在弱电解质溶液中，加入不含共同离子的强电解质时，引起弱电解质的电离度增大的效应叫盐效应。

七、缓冲溶液的组成与计算

1. 缓冲溶液　能够抵抗外来少量强酸、强碱或稀释作用的影响仍能保持溶液的 pH 基

本不变的溶液。

2. 缓冲溶液的组成　弱酸 + $H_2O \rightleftharpoons H_3O^+$ + 共轭碱。

溶液中具有抗酸成分和抗碱成分是产生缓冲作用的基本原因。抗酸成分能与外来的酸作用的部分，如 Ac^- 与 H^+ 作用，生成 HAc；抗碱成分能与外来的碱作用的部分，HAc 与 OH^- 作用，生成 Ac^-

弱酸及其共轭碱 HAc-NaAc，NaH_2PO_4-Na_2HPO_4。

弱碱及其共轭酸 NH_3-NH_4Cl

3. 缓冲溶液的计算　弱酸及其共轭碱组成的缓冲溶液 H^+ 浓度最简计算式

$$pH = pK_a + \lg\frac{C_{共轭碱}}{C_{弱酸}} \qquad pOH = pK_b + \lg\frac{C_{共轭酸}}{C_{弱碱}}$$

4. 缓冲溶液的选择和配制

(1) 缓冲对选择，其 pH = pK_a。

(2) 计算：若 $pH \neq pK_a$，则利用公式 $pH = pK_a + \lg\frac{C_{共轭碱}}{C_{弱酸}}$ 进行计算。

(3) 弱酸及其共轭碱缓冲对浓度选择在 0.05 ~ 0.5mol · L^{-1} 之间。

(4) 其他作用考虑。

(5) 配制及校准。

强 化 训 练

一、选择题

1. 下列物质中，属于质子酸的是(　　)

A. HAc　B. CN^-　C. Ac^-　D. Na^+　E. S^{2-}

2. 下列物质中，属于质子碱的是(　　)

A. K^+　B. NH_3　C. HCl　D. H_3PO_4　E. NH_4^+

3. 下列物质中，属于两性物质的是(　　)

A. H_2O　B. H_2S　C. HCN　D. NH_4^+　E. K^+

4. H_3O^+，H_2S 的共轭碱分别是(　　)

A. OH^-，S^{2-}　B. H_2O，HS^-　C. H_2O，S^{2-}　D. OH^-，HS^-　E. H_2O，H_2S

5. HPO_4^{2-} 的共轭酸是(　　)

A. H_3PO_4　B. H_2O　C. $H_2PO_4^-$　D. PO_4^{3-}　E. HPO_4^{2-}

6. 共轭酸碱对的酸度常数 K_a 和碱度常数 K_b 之间的关系式为(　　)

A. $K_a/K_b = K_w$　B. $K_a + K_b = K_w$　C. $K_a - K_b = K_w$

D. $K_aK_b = K_w$　E. $K_a\,K_b\,K_w = 0$

7. 已知温度下，$K_{a,HAc} = 1.76 \times 10^{-5}$，$K_{a,HCN} = 4.93 \times 10^{-10}$，则下列碱的碱性强弱次序为(　　)

A. $Ac^- > CN^-$　B. $Ac^- = CN^-$　C. $Ac^- < CN^-$

D. $Ac^- \gg CN^-$　E. $Ac^- \ll CN^-$

8. 在可逆反应:HCO_3^-(aq)+OH^-(aq)$\rightleftharpoons$$CO_3^{2-}$(aq)+$H_2O$(L)中,正逆反应中的质子酸分别是(　　)
A. HCO_3^-和CO_3^{2-}　B. HCO_3^-和H_2O　C. OH^-和H_2O
D. OH^-和CO_3^{2-}　E. H_2O和CO_3^{2-}
9. 对于反应$HPO_4^{2-}+H_2O \rightleftharpoons H_2PO_4^-+OH^-$,正向反应的酸和碱各为(　　)
A. $H_2PO_4^-$和OH^-　B. HPO_4^{2-}和H_2O　C. H_2O和HPO_4^{2-}
D. $H_2PO_4^-$和HPO_4^{2-}　E. $H_2PO_4^-$和H_2O
10. 在HAc溶液中,加入下列哪种物质可使其电离度增大(　　)
A. HCl　B. NaAc　C. HCN　D. KAc　E. NaCl
11. 往氨水溶液中加入一些固体NH_4Cl,会使(　　)
A. 氯化铵的电离度变小　B. 稀氨溶液的电离度不变
C. 稀氨溶液的电离度增大　D. 稀氨溶液的电离度变小
E. 氯化铵的电离度变大
12. 下列关于缓冲溶液的叙述,正确的是(　　)
A. 当稀释缓冲溶液时,pH将明显改变
B. 外加少量强碱时,pH将明显降低
C. 外加少量强酸时,pH将明显升高
D. 有抵抗少量强酸、强碱、稀释,保持pH基本不变的能力
E. 外加大量强酸时,pH基本不变
13. 影响缓冲溶液缓冲能力的主要因素是(　　)
A. 弱酸的pK_a　B. 弱碱的pK_a　C. 缓冲对的总浓度
D. 缓冲对的总浓度和缓冲比　E. 缓冲比
14. 下列哪组溶液缓冲能力最大(　　)
A. $0.1mol \cdot L^{-1}$HAc-$0.1mol \cdot L^{-1}$NaAc　B. $0.2mol \cdot L^{-1}$HAc-$0.3mol \cdot L^{-1}$NaAc
C. $0.2mol \cdot L^{-1}$HAc-$0.2mol \cdot L^{-1}$NaAc　D. $0.2mol \cdot L^{-1}$HAc-$0.01mol \cdot L^{-1}$NaAc
E. $0.2mol \cdot L^{-1}$HAc-$0.1mol \cdot L^{-1}$NaAc
15. 欲配制pH=3的缓冲溶液,应选用(　　)
A. HCOOH-HCOONa($pK_{a,HCOOH}=3.77$)
B. HAc-NaAc($pK_{a,HAc}=4.75$)
C. NH_4Cl-NH_3($pK_{a,NH_4^+}=9.25$)
D. NaH_2PO_4-Na_2HPO_4($pK_{a,H_2PO_4^-}=7.21$)
E. $NaHCO_3$-Na_2CO_3($pK_{a,HCO_3^-}=10.25$)
16. $H_2PO_4^-$-HPO_4^{2-}缓冲系的pH缓冲范围是(　　)
(已知$pK_{a,H_2PO_4^-}=7.21$,$pK_{b,HPO_4^{2-}}=6.79$)
A. 7.00~10.0　B. 8.00~12.0　C. 9.00~14.0
D. 5.79~7.79　E. 6.21~8.21
17. 根据酸碱质子理论,下列叙述中错误的是(　　)
A. 酸碱反应实质是质子转移　B. 质子论中没有了盐的概念

C. 酸越强其共轭碱也越强　　D. 酸失去质子后就成了碱

E. 酸碱反应的方向是强酸与强碱反应生成弱碱与弱酸

18. 下列叙述错误的是(　　)

A. $[H^+]$越大,pH越低　　B. 任何水溶液都有$[H^+][OH^-]=K_w$

C. 温度升高时,K_w值变大　　D. 溶液的pH越大,其pOH就越小

E. 在浓HCl溶液中,没有OH^-存在

19. 于稀氨溶液中加入酚酞,溶液呈红色,若加入固体NH_4Cl,下列说法不正确的是(酚酞的酸色为无色,碱色为红色)(　　)

A. 溶液的红色变浅　　B. pH降低

C. 稀氨溶液的电离度减小　　D. 稀氨溶液的电离平衡向左移动

E. 溶液的红色加深

20. 下列各组等体积混合溶液,无缓冲作用的是(　　)

A. $1.0mol \cdot L^{-1}$HCl和$1.0mol \cdot L^{-1}$KCl

B. $0.2mol \cdot L^{-1}$HCl和$0.2mol \cdot L^{-1}NH_3 \cdot H_2O$

C. $0.2mol \cdot L^{-1}KH_2PO_4$和$0.2mol \cdot L^{-1}Na_2HPO_4$

D. $0.2mol \cdot L^{-1}$NaOH和$0.4mol \cdot L^{-1}$HAc

E. $0.2mol \cdot L^{-1}$HAc和$-0.1mol \cdot L^{-1}$NaAc

21. 获得较大的$[S^{2-}]$,需向饱和H_2S水溶液中加入(　　)

A. 适量的蒸馏水　　B. 适量的HCl溶液

C. 适量的NaOH溶液　　D. 适量的硫粉

E. 大量的HCl溶液

22. 于$0.1mol \cdot L^{-1}$ HAc溶液中,加入NaAc晶体会使溶液的pH(　　)

A. 增大　　B. 不变　　C. 减小

D. 先增大后变小　　E. 先变小后增大

23. 下列离子中碱性最弱的是(　　)

A. CN^-　　B. Ac^-　　C. NO_2^-　　D. NH_4^+　　E. Cl^-

24. $H_2AsO_4^-$共轭碱是(　　)

A. H_3AsO_4　　B. $HAsO_4^{2-}$　　C. AsO_4^{3-}　　D. $H_2AsO_3^-$　　E. $HAsO_4$

25. 下列各组分子或离子中不属于共轭酸碱关系的是(　　)

A. $Cr[(H_2O)_6]^{3+}$和$Cr[(OH)(H_2O)_5]^{2+}$　　B. H_2CO_3和CO_3^{2-}　　C. H_3O^+和H_2O

D. $H_2PO_4^-$和HPO_4^{2-}　　E. H_2O和OH^-

26. 在HAc溶液中加入下列哪种固体,会使HAc的电离度降低(　　)

A. NaCl　　B. KBr　　C. NaAc　　D. NaOH　　E. KNO_3

27. 下列有关缓冲溶液的叙述中,错误的是(　　)

A. 总浓度一定时,缓冲比越远离1,缓冲能力越强

B. 缓冲比一定时,总浓度越大,缓冲能力越大

C. 缓冲范围为$(pK_a-1)\sim(pK_a+1)$

D. 缓冲溶液稀释后缓冲比不变,所以pH不变

E. 缓冲溶液能够抵抗外来少量的强酸或强碱，而保持溶液的 pH 基本不变。

28. 在 10ml 0.1mol · L^{-1} NaH_2PO_4和 0.1mol · L^{-1} Na_2HPO_4混合液中加入 10ml 水后，混合溶液的 pH(　　)

A. 增大　　B. 减少　　C. 基本不变

D. 先增后减　　E. 先减后增

29. 下列物质在水溶液中具有两性的是(　　)

A. H_2SO_4　　B. $H_2PO_4^-$　　C. NaOH　　D. HCl　　E. HAc

30. 要配制 pH = 3.5 的缓冲溶液，选用什么缓冲对最为合适(　　)

A. H_3PO_4-NaH_2PO　　$pK_{a_1}=2.13$　　B. HAc-NaAc　　$pK_a=4.75$

C. Na_2HPO_4-NaH_2PO_4　　$pK_{a_2}=7.2$　　D. HCOOH-HCOONa　　$pK_a=3.77$

E. $NaHCO_3$-Na_2CO_3　　$pK_{a_2}=10.25$

31. 计算一元弱酸 HA 溶液中的 H^+浓度，应用下列哪个公式(　　)

A. $[H^+]=(K_a/C)^{-1/2}$　　B. $[H^+]=(K_aC)^{1/2}$

C. $[H^+]=(K_a/C)^{-1/2}$　　D. $[H^+]=K_w/[OH^-]$

E. $[H^+]=(K_aC)^2$

32. 某一元弱酸 HA 的氢离子浓度为 0.000 10mol · L^{-1}，该弱酸溶液的 pH 为(　　)

A. 6　　B. 5　　C. 4　　D. 3　　E. 2

33. H_3PO_4的三级解离常数是 K_{a_1}，K_{a_2}，K_{a_3}，NaH_2PO_4中$[H^+]$ = (　　)

A. $(K_{a_1}K_{a_2})^{1/2}$　　B. $(K_{a_2}K_{a_3})^{1/2}$　　C. $(K_{a_1}C)^{1/2}$

D. $(K_{a_2}C)^{1/2}$　　E. $(K_{a_3}C)^{1/2}$

34. 缓冲比关系如下的 NH_4Cl-$NH_3 \cdot H_2O$ 缓冲溶液中，缓冲能力最大的是(　　)

A. 0.18/0.02　　B. 0.05/0.15　　C. 0.15/0.05

D. 0.1/0.1　　E. 0.02/0.18

35. 下列哪一对共轭酸碱混合物不能配制 pH = 9.5 的缓冲溶液(　　)

A. HAc-NaAc($pK_a=4.75$)　　B. NH_4Cl-$NH_3 \cdot H_2O$($pK_a=9.25$)

C. HCN-NaCN($pK_a=10.05$)　　D. $NaHCO_3$-Na_2CO_3($pK_a=10.25$)

E. H_3BO_3-NaH_2BO_3($pK_a=9.24$)

36. 下列各组物质不属于共轭酸碱对的是(　　)

A. HCO_3^--CO_3^{2-}　　B. $H_2PO_4^-$-HPO_4^{2-}

C. $H_2PO_4^-$-PO_4^{3-}　　D. HAc-Ac^-

E. NH_4^+-$NH_3 \cdot H_2O$

37. 计算 $NH_3 \cdot H_2O$ 溶液中的 OH^-浓度，应用下列哪个公式(　　)

A. $[OH^-]=(K_bC)^{-1/2}$　　B. $[OH^-]=(K_bC)^{1/2}$

C. $[OH^-]=(K_b/C)^{-1/2}$　　D. $[OH^-]=K_w/[H^+]$

E. $[OH^-]=(K_bC)^2$

38. $H_2PO_4^-$的共轭碱是(　　)

A. H_3PO_4　　B. HPO_4^{2-}　　C. $H_2PO_3^-$　　D. PO_4^{3-}　　E. $H_2PO_4^{2-}$

39. 在 $NH_3 \cdot H_2O$ 溶液中，加入下列哪种物质可使其电离度降低（　　）

A. HCl　B. NH_4Cl　C. HCN　D. NaAc　E. NaCl

40. 下列物质中不能作 Lewis 碱的是（　　）

A. H_2O　B. NH_3　C. F^-　D. CN^-　E. NH_4^+

41. 同一弱电解质的电离度与浓度的正确关系式是（　　）

A. $a \approx \sqrt{\frac{C}{K_a}}$　B. $a \approx \sqrt{\frac{K_a}{C}}$　C. $a \approx \sqrt{\frac{C^2}{K_a}}$

D. $a \approx \sqrt{\frac{C}{K_{a2}}}$　E. $a \approx \sqrt{\frac{K_a^2}{C}}$

42. 按照质子酸碱理论，下列各物质中，既可作酸又可作为碱的物质是（　　）

A. F^-　B. NH_3　C. HPO_4^{2-}　D. CN^-　E. NH_4^+

43. 按照质子酸碱理论，下列各物质中，既可作为路易斯碱又可作为质子碱的物质是（　　）

A. F^-　B. NH_3　C. HPO_4^{2-}　D. CN^-　E. NH_4^+

44. 在血液中起主要作用的缓冲系统是（　　）

A. H_2CO_3-HCO_3^-　B. Ac-HAc　C. $H_2PO_4^-$-HPO_4^{2-}

D. HCOOH-$HCOO^-$　E. HCO_3^- - CO_3^{2-}

45. 在细胞中起主要作用的缓冲对是（　　）

A. H_2CO_3-HCO_3^-　B. HAc-Ac^-　C. $H_2PO_4^-$-HPO_4^{2-}

D. HCOOH-$HCOO^-$　E. HCO_3^--CO_3^{2-}

46. OH^-，S^{2-} 的共轭酸分别是（　　）

A. H_3O^+，H_2S　B. H_2O，HS^-　C. H_2O，S^{2-}

D. OH^-，HS^-　E. H_2O，H_2S

47. HPO_4^{2-} 的共轭碱是（　　）

A. H_3PO_4　B. H_2O　C. $H_2PO_4^-$

D. PO_4^{3-}　E. HPO_4^{2-}

48. 在可逆反应：$HCO_3^-(aq) + OH^-(aq) \rightleftharpoons CO_3^{2-}(aq) + H_2O(L)$ 中，正逆反应中的质子碱分别是（　　）

A. HCO_3^- 和 CO_3^{2-}　B. HCO_3^- 和 H_2O　C. OH^- 和 H_2O

D. OH^- 和 CO_3^{2-}　E. H_2O 和 CO_3^{2-}

49. 对于反应 $HPO_4^{2-} + H_2O \rightleftharpoons H_2PO_4^- + OH^-$，正向反应的碱和酸各为（　　）

A. $H_2PO_4^-$ 和 OH^-　B. HPO_4^{2-} 和 H_2O　C. H_2O 和 HPO_4^{2-}

D. $H_2PO_4^-$ 和 HPO_4^{2-}　E. $H_2PO_4^-$ 和 H_2O

50. 下列叙述错误的是（　　）

A. $[H^+]$越大，pH 越低　B. 任何水溶液都有 $[H^+][OH^-] = K_w$

C. 温度升高时，K_w 值变大　D. 溶液的 pH 越大，其 pOH 就越小

E. 在浓 NaOH 溶液中，没有 H^+ 存在

51. 于稀氨溶液中加入酚酞，溶液呈红色，若加入固体 NH_4Cl，下列说法正确的是（酚酞的酸

色为无色,碱色为红色)(　　)

A. 溶液的红色变浅　　B. pH 升高

C. 稀氨溶液的电离度增大　　D. 稀氨溶液的电离平衡向右移动

E. 溶液的红色加深

52. 在 CO_2 的水溶液中,CO_2 的浓度为 $0.034 mol \cdot L^{-1}$,设所有溶解的 CO_2 与水结合成 H_2CO_3,计算溶液中 CO_3^{2-} 的浓度。

(已知 $K_{a_1, H_2CO_3} = 4.30 \times 10^{-7}$,$K_{a_2, HCO_3^-} = 5.61 \times 10^{-11}$)(　　)

A. $4.30 \times 10^{-7} mol \cdot L^{-1}$　　B. $5.61 \times 10^{-11} mol \cdot L^{-1}$

C. $4.81 \times 10^{-1} mol \cdot L^{-1}$　　D. $9.1 \times 10^{-8} mol \cdot L^{-1}$

E. $1.1 \times 10^{-12} mol \cdot L^{-1}$

53. 计算 $0.1 mol \cdot L^{-1}$ H_2S 水溶液中[S^{2-}]为多少?(已知 $K_{a_1, H_2S} = 9.1 \times 10^{-8}$,$K_{a_2, HS^-} = 1.1 \times 10^{-12}$)(　　)

A. $9.1 \times 10^{-8} mol \cdot L^{-1}$　　B. $5.61 \times 10^{-11} mol \cdot L^{-1}$

C. $1.1 \times 10^{-12} mol \cdot L^{-1}$　　D. $9.1 \times 10^{-10} mol \cdot L^{-1}$

E. $1.1 \times 10^{-10} mol \cdot L^{-1}$

A. H_2O　　B. NH_3　　C. $H_2PO_4^-$　　D. HPO_4^{2-}　　E. PO_4^{3-}

54. OH^- 的共轭酸是(　　)

55. HPO_4^{2-} 的共轭碱是(　　)

A. CN^- ($K_{a, HCN} = 4.93 \times 10^{-10}$)　　B. S^{2-} ($K_{a, HS^-} = 1.1 \times 10^{-12}$)

C. F^- ($K_{a, HF} = 3.5 \times 10^{-4}$)　　D. Ac^- ($K_{a, HAc} = 1.76 \times 10^{-5}$)

E. Cl^-

56. 在水溶液中,碱性最强的是(　　)

57. 在水溶液中,碱性最弱的是(　　)

A. Cu^{2+}　　B. NH_3　　C. HAc　　D. HCN　　E. H_2S

58. 路易斯酸是(　　)

59. 既是路易斯碱也是质子碱的是(　　)

A. $0.02 mol \cdot L^{-1}$ HCl 和 $0.02 mol \cdot L^{-1}$ $NH_3 \cdot H_2O$

B. $0.5 mol \cdot L^{-1}$ $H_2PO_4^-$ 和 $0.5 mol \cdot L^{-1}$ HPO_4^{2-}

C. $0.5 mol \cdot L^{-1}$ $H_2PO_4^-$ 和 $0.2 mol \cdot L^{-1}$ HPO_4^{2-}

D. $0.1 mol \cdot L^{-1}$ $H_2PO_4^-$ 和 $0.1 mol \cdot L^{-1}$ HPO_4^{2-}

E. $0.05 mol \cdot L^{-}$ $H_2PO_4^-$ 和 $0.05 mol \cdot L^{-1}$ HPO_4^{2-}

60. 上述浓度的混合溶液中,无缓冲作用的是(　　)

61. 上述浓度的混合溶液中,缓冲能力最大的是(　　)

A. NaH_2PO_4-Na_2HPO_4($pK_{a,H_2PO_4^-}=7.21$)

B. $NaHCO_3$-Na_2CO_3($pK_{a,HCO_3^-}=10.25$)

C. $NH_3\cdot H_2O$-NH_4Cl($pK_{a,NH_4^+}=9.25$)

D. HAc-NaAc($pK_{a,HAc}=4.75$)

E. HCOOH-HCOONa($pK_{a,HCOOH}=3.77$)

62. 上述浓度的混合溶液中,缓冲范围为8.21~6.21的缓冲对是(　　)

63. 上述浓度的混合溶液中,配制的pH=5.0的最适宜的缓冲对是(　　)

二、填空题

1. 同离子效应发生的同时,必然伴有________发生,而且同离子效应的强度________。
2. HAc-NaAc缓冲对中,抗酸成分是________;抗碱成分是________。
3. H_2O的共轭酸是________ H_2O共轭碱是________。
4. NH_3的共轭酸是________; NH_4^+共轭碱是________。
5. HCO_3^-的共轭碱是________;HCO_3^-的共轭酸是________;H_2CO_3的共轭碱是________。
6. 于氨水中加入酚酞,溶液呈红色,若加入固体NH_4Cl,溶液的红色将________,这是因为________的结果。
7. 缓冲对的缓冲范围是________缓冲对最适应的有效浓度范围是________。
8. 计算一元弱酸HA水溶液中$[H^+]$的最简公式为________,使用该公式的条件是________。
9. NaH_2PO_4-Na_2HPO_4缓冲体中,抗酸成分是________;抗碱成分是________。当缓冲对总浓度固定时,原缓冲比为________时,缓冲能力最大。($K_{a,H_2PO_4^-}=6.23\times10^{-8}$)
10. 路易斯酸碱电子论认为能________的物质是路易斯酸;能________的物质是路易斯碱。
11. 根据路易斯酸碱电子论:Ag^+是________,NH_3是________。
12. 根据酸碱质子理论,在PO_4^{3-},NH_4^+,H_2O,HCO_3^-,S^{2-},$H_2PO_4^-$中,只属于酸的是________,只属于碱的是________,两性物质是________。
13. 酸碱质子理论认为酸碱反应的实质是质子________。
14. 已知H_3PO_4的$pK_{a_2}=7.21$,则NaH_2PO_4-Na_2HPO_4缓冲溶液在pH=________范围内有缓冲作用。
15. $NaHCO_3$-Na_2CO_3缓冲系中,抗酸成分是________和抗碱成分是________。
16. 缓冲溶液是能抵抗少量________酸、碱或稀释而保持溶液的________基本不变。
17. 共轭酸碱对的K_a和K_b的相互之间的关系是________。

三、是非题

1. 在饱和H_2S溶液中,$[H^+]$为$[S^{2-}]$的二倍。(　　)
2. 无机多元弱酸的酸性主要取决于第一步电离。(　　)
3. 在一定温度下,由于纯水、稀酸和碱中氢离子浓度不同,所以水的离子积K_w也不同。(　　)
4. HAc-NaAc缓冲对中,只有抗碱成分而无抗酸成分。(　　)

5. NH_3-NH_4^+缓冲溶液的 pH 大于 7,所以不能抵抗少量的强碱。(　　)
6. 将弱酸稀释时,电离度增大,所以[H^+]也增大。(　　)
7. 在 HAc 溶液中加入 NaAc 将产生同离子效应,使氢离子浓度降低;而加入 HCl 也将产生同离子效应,使醋酸根离子浓度降低。(　　)
8. 将总浓度为 0.2mol · L^{-1}的 HAc-Ac^-缓冲溶液稀释一倍,溶液中的氢离子浓度将减少为原来的 1/2。(　　)
9. 同一缓冲系的缓冲溶液,总浓度相同时,只有 pH = pK_a的溶液,缓冲能力最大。(　　)
10. 一个共轭酸碱对可以相差 1~3 个质子。(　　)
11. 在稀氨溶液中,加入氯化铵可使氨水的电离度降低。(　　)
12. 血液中最重要的缓冲对是 H_2CO_3-HCO_3^-。
13. 酸式盐的水溶液一定呈酸性。(　　)
14. 0.1mol · L^{-1}HAc 与 0.1mol · L^{-1}HCl 的氢离子浓度相等。(　　)
15. pH 只增加一个单位,表示溶液中氢离子浓度也增大 1 倍。(　　)
16. 同离子效应将导致弱酸的 pH 和电离度均增加。(　　)

四、简答题

1. 根据酸碱质子论写出下列质子酸在水溶剂中的电离平衡反应式及酸度平衡常数 K_a表达式
   (1) HCN　　　　(2) NH_4^+
2. 弱电解质溶液稀释时,为什么电离度会增大?而溶液中离子浓度反而减小呢?
3. 缓冲溶液是如何发挥缓冲作用的?(举一例说明)
4. 什么叫弱电解质溶液中的同离子效应?盐效应?在同离子效应存在的同时,是否存在盐效应?这时以哪个效应为主?
5. 写出下列缓冲系的有效 pH 缓冲范围:
   (1) HPO_4^{2-}-PO_4^{3-}($pK_{a,HPO_4^{2-}}$ = 12.66)
   (2) HAc-Ac^-($pK_{a, HAc}$ = 4.75)
   (3) NH_4^+-NH_3(pK_{a, NH_4^+} = 9.25)
6. 写出下列缓冲系中的抗酸组分和抗碱组分:
   (1) HCOOH-$HCOO^-$　(2) H_3BO_3-$H_2BO_3^-$　(3) NH_3-NH_4^+
7. 写出计算一元弱酸溶液中[H^+]的最简公式及使用的条件。

五、计算题

1. 硼酸 H_3BO_3在水溶液中释放质子的过程为 $B(OH)_3 + H_2O \rightleftharpoons B(OH)_4^- + H^+$,故为一元酸,已知 $K_a = 5.8 \times 10^{-10}$,求 0.10mol · L^{-1} H_3BO_3溶液的[H^+],pH 及电离度。
2. 已知 $K_{a,HAc} = 1.76 \times 10^{-5}$,$K_{a,HCN} = 4.93 \times 10^{-10}$,求算 HAc 及 HCN 相应共轭碱 Ac^-及 CN^-的碱度常数 K_b(室温下)。
3. 计算 0.10mol · L^{-1}NaCN 溶液中的[OH^-],[H^+]和 pH 为多少?(已知 $K_{b,CN^-} = 2.0 \times 10^{-5}$)

4. 计算0.10mol·L^{-1}HAc溶液的[H^+],pH及电离度?(已知室温下,$K_{a,HAc}=1.76\times10^{-5}$)
5. $H_2PO_4^-$-HPO_4^{2-}缓冲系的混合溶液中,共轭酸碱对的浓度分别为0.10mol·L^{-1},求该缓冲溶液的pH?(已知$pK_{a,H_2PO_4^-}=7.21$)
6. 0.50mol·L^{-1}HAc溶液30mL与0.15mol·L^{-1}溶液20mL相混合,
问:(1)该缓冲溶液中的抗酸组分和抗碱组分是什么?($pK_{a,HAc}=4.75$)(2)该缓冲溶液的pH为多少?
7. 将0.1mol·L^{-1}的NH_4Cl和0.1mol·L^{-1}的$NH_3\cdot H_2O$等体积混合,求混合溶液的pH。已知$pK_a=9.25$
8. 将0.1mol·L^{-1}的NaH_2PO_4和0.1mol·L^{-1}的Na_2HPO_4等体积混合,求混合溶液的pH。已知$pK_{a_2}=7.21$

参考答案

一、选择题

1. A	2. B	3. A	4. B	5. C	6. D	7. C	8. B	9. C	10. E
11. D	12. D	13. D	14. B	15. A	16. E	17. C	18. E	19. E	20. A
21. C	22. C	23. E	24. B	25. B	26. C	27. A	28. C	29. B	30. D
31. B	32. C	33. A	34. D	35. A	36. C	37. B	38. B	39. B	40. E
41. B	42. C	43. B	44. A	45. C	46 B	47. D	48. D	49. B	50. E
51. A	52. B	53. C	54. A	55. E	56. B	57. E	58. A	59. B	60. A
61. B	62. A	63. D							

二、填空题

1. 盐效应,总是大于盐效应　2. Ac^-,HAc　3. H_3O^+,OH^-　4. NH_4^+,NH_3　5. CO_3^{2-},H_2CO_3,HCO_3^-　6. 变浅,pH降低　7. $pH=pK_a\pm1$,0.05～0.5mol·L^{-1}
8. $[H^+]=\sqrt{K_aC}$,$\frac{C}{K_a}\geqslant500$　9. HPO_4^{2-},$H_2PO_4^-$ 1　10. 接受电子对物质,给出电子对物质　11. 路易斯酸,路易斯碱　12. NH_4^+,S^{2-},PO_4^{3-},H_2O,HCO_3^-,$H_2PO_4^-$　13. 传递
14. 8.21～6.21　15. CO_3^{2-},HCO_3^-　16. 外来,pH　17. $K_aK_b=K_w$

三、是非题

1. ×　2. √　3. ×　4. ×　5. ×　6. ×　7. √　8. ×　9. √　10. ×
11. √　12. √　13. ×　14. ×　15. ×　16. ×

四、简答题

1. 答:$HCN+H_2O \rightleftharpoons CN^-+H_3O^+$　$K_{a,HCN}=\frac{[H_3O^+][CN^-]}{[HCN]}$

$$NH_4^+ + H_2O \rightleftharpoons NH_3 + H_3O^+, \ K_{a,\ NH_4^+} = \frac{[H_3O^+][NH_3]}{[NH_4^+]}$$

2. 答:(1) 根据稀释定律 $\alpha = \sqrt{\frac{K_a}{C}}$,$K_a$在一定温度下为一常数,当稀释时,浓度 C 变小,则电离 α 将变大。

(2) 又因$[H^+] \approx \sqrt{K_a C}$,所以当 C 变小时,$[H^+]$将减小。

3. 答:缓冲溶液能起缓冲作用是与其特殊的组成有关,其溶液中有两个高浓度的组分:①抗酸成分:即缓冲对中的共轭碱。如 $HAc\text{-}Ac^-$ 缓冲系中的$[Ac^-]$很大,外加少量强酸 H^+ 时,Ac^-与 H^+形成 HAc 分子,使溶液中$[H^+]$不怎么增大。②抗碱组分:即缓冲溶液中的弱酸,如 $HAc\text{-}Ac^-$缓冲系中的[HAc]很大,外加少量强碱时,OH^-将与溶液中 H^+的结合形成水,大量存在的抗酸组分 HAc 将离解出 H^+以补充被 OH^-结合掉的 H^+,所以溶液中的 H^+浓度也不会发生大的变化,这就是缓冲作用。

4. 答:(1)同离子效应——在弱电解质溶液中,加入与该弱电解质有共同离子的强电解质,而使电离平衡向左移动,从而降低弱电解质电离度的现象叫同离子效应。

(2)盐效应——在弱电解质的溶液中,加入不含共同离子的强电解质时,引起弱电解质的电离度稍微增大的效应叫盐效应。

(3)在产生同离子效应的同时,也存在盐效应,只不过与同离子效应相比,盐效应较弱,还是以同离子效应为主。

5. 答: 缓冲对,有效 pH 缓冲范围:

(1) $HPO_4^{2-}\text{-}PO_4^{3-}$ 11.66 ~ 13.66

(2) $HAc\text{-}Ac^-$ 3.75 ~ 5.75

(3) $NH_4^+\text{-}NH_3$ 8.25 ~ 10.25

6. 答:(1) $HCOOH\text{-}HCOO^-$ 中,抗酸组分:$HCOO^-$,抗碱组分:HCOOH。

(2) $H_3BO_3\text{-}H_2BO_3^-$ 中,抗酸组分:$H_2BO_3^-$,抗碱组分:H_3BO_3。

(3) $NH_3\text{-}NH_4^+$ 中,抗酸组分:NH_3,抗碱组分:NH_4^+。

7. 答:(1)计算一元弱酸溶液中 H^+浓度的最简公式

$$[H^+] = \sqrt{K_a \cdot C}$$

(2) 使用的条件为 $C/K_a \geqslant 500$

五、计算题

1. 解: 已知 $C = 0.10 mol \cdot L^{-1}$,$K_{a,\ H_3BO_3} = 5.8 \times 10^{-10}$

因 $$\frac{C}{K_a} = 1.72 \times 10^8 \gg 500$$

故可用最简式计算:

$$[H^+] = \sqrt{K_a C} = \sqrt{5.8 \times 10^{-10} \times 0.1} = 0.76 \times 10^{-5} (mol \cdot L^{-1})$$

$$pH = -\lg[H^+] = -\lg(0.76 \times 10^{-5}) = 5.12$$

2. 解: 因 $$K_a K_b = K_w K_{b,\ Ac^-} = \frac{K_w}{K_{a,HAc}} = \frac{1.0 \times 10^{-14}}{1.76 \times 10^{-5}} = 5.68 \times 10^{-10}$$

$$K_{b,CN^-} = \frac{K_w}{K_{a,HCN}} = \frac{1.0\times10^{-14}}{4.93\times10^{-10}} = 2.0\times10^{-5}$$

3. 解：已知 $C=0.10\text{mol}\cdot L^{-1}$，$K_{b,HCN}=1.76\times10^{-5}$，又 $\frac{C}{K_b}=5000>500$，

可用最简式计算：$[OH^-]=\sqrt{K_bC}=\sqrt{2.0\times10^{-5}\times0.1}=1.4\times10^{-3}(\text{mol}\cdot L^{-1})$

$$[H^+]=\frac{K_w}{[OH^-]}=\frac{1.0\times10^{-14}}{1.4\times10^{-3}}=7.1\times10^{-12}(\text{mol}\cdot L^{-1})$$

$pH=-\lg[H^+]=-\lg7.1\times10^{-3}=11.15$

4. 解：已知 $C=0.10\text{mol}\cdot L^{-1}$，$K_{a,HAc}=1.76\times10^{-5}$

又 $\frac{C}{K_a}=5682>500$

故可用最简式计算：

$$[H^+]=\sqrt{K_aC}=\sqrt{1.76\times10^{-5}\times0.1}=1.33\times10^{-3}(1\text{mol}\cdot L^{-1})$$

$$pH=-\lg[H^+]=-\lg(1.33\times10^{-3})=2.88$$

$$\alpha=[H^+]/C\times100\%=1.33\times10^{-3}/0.1\times100\%=1.33\%$$

5. 解：已知 $[H_2PO_4^-]=[HPO_4^{2-}]=0.10\text{mol}\cdot L^{-1}$

此浓度较大，可用亨德生最简式求算 pH：

$$pH=pK_a+\lg\frac{C_{共轭碱}}{C_{弱酸}}=7.21+\lg\frac{0.10}{0.10}=7.21$$

6. 解：(1)抗酸组分：NaAc 抗碱组分：HAc

$$C_{浓}V_{浓}=C_{稀}V_{稀}$$

$C_{HAc}=\frac{0.5\times30}{30+20}=0.3(\text{mol}\cdot L^{-1})$，$C_{NaAc}=\frac{0.15\times20}{30+20}=0.06(\text{mol}\cdot L^{-1})$

(2)缓冲溶液的 pH

因 $K_{a,HAc}=1.76\times10^{-5}$，$pK_{a,HAc}=4.75$，很小，又因存在共轭碱 Ac^- 的同离子效应，C_{HAc} 和 C_{NaAc} 浓度又较大，所以可用亨德生最简式求算 pH：

$$pH=pK_a+\lg\frac{C_{共轭碱}}{C_{弱酸}}=4.75+\lg\frac{0.06}{0.3}=4.75-0.70=4.05$$

7. 解：$pH=pK_a+\lg\frac{C_b}{C_a}=9.25+\lg\frac{0.05}{0.05}=9.25$

8. 解：$pH=pK_a+\lg\frac{C_b}{C_a}=7.21+\lg\frac{0.05}{0.05}=7.21$

（海力茜·陶尔大洪）

第4章　难溶电解质的沉淀溶解平衡

基本要求

1. 掌握溶度积 K_{sp} 的概念；正确书写 K_{sp} 的表达式。
2. 掌握溶度积与溶解度之间的换算及换算的必要条件。
3. 掌握溶度积规则的应用。
4. 掌握沉淀生成和沉淀溶解的必要条件，并能够通过计算说明沉淀生成和溶解。
5. 掌握沉淀的转化和分步沉淀的应用。
6. 熟悉沉淀和溶解平衡的概念。
7. 熟悉沉淀平衡中的同离子效应和盐效应的概念及相应计算和应用时的注意点。
8. 了解溶解和沉淀的过程。
9. 了解金属硫化物的分步沉淀，金属氢氧化物的分步沉淀。

学习要点

一、溶　度　积

一定温度时，难溶电解质在水溶液中达到沉淀溶解平衡时

$$A_aB_b(s) \rightleftharpoons aA^{n+}(aq) + bB^{m-}(aq)$$

溶液中各离子浓度幂次方的乘积为一常数，可表示为

$$K_{sp} = [A^{n+}]^a \cdot [B^{m-}]^b$$

K_{sp} 称为溶度积常数，简称溶度积。它反映了难溶电解质在水中的溶解能力，也表示难溶电解质在水中生成沉淀的难易。K_{sp} 为热力学平衡常数。

二、溶度积和溶解度

溶度积 K_{sp} 和溶解度 S 都是用来表示难溶电解质在水中溶解能力的特征常数。对于溶解度较小、电离后的离子在水溶液中不发生水解等副反应的难溶强电解质，溶解度与溶度积之间可以相互换算，换算关系式见表4-1。

表 4-1 难溶电解质溶度积 K_{sp} 与溶解质 S 的关系

沉淀类型	K_{sp} 表达式	K_{sp} 与 S 关系	实例
AB	$K_{sp,AB}=[A^+][B^-]$	$\sqrt{K_{sp}}$	AgCl, $BaSO_4$
A_2B	$K_{sp,A_2B}=[A^+]^2[B^-]$	$3\sqrt{\frac{K_{sp}}{4}}$	Ag_2CrO_4
AB_2	$K_{sp,AB_2}=[A^+][B^-]^2$		$PbCl_2$, CaF_2

三、溶度积规则及其应用

1. 溶度积规则　在难溶电解质 A_aB_b 的溶液中，如任意状态中离子浓度幂的乘积（简称离子积）用 Q_C 表示，Q_C 和 K_{sp} 间的关系有以下三种可能：

（1）$Q_C=K_{sp}$，沉淀与溶解达到动态平衡，该溶液是饱和溶液。

（2）$Q_C<K_{sp}$，不饱和溶液。无沉淀析出或原有沉淀溶解，直至 $Q_C=K_{sp}$。

（3）$Q_C>K_{sp}$，溶液处于过饱和状态，平衡向析出沉淀的方向移动，直至 $Q_C=K_{sp}$。

2. 沉淀的生成　根据溶度积原理，要使某种离子从溶液中沉淀出来，必须使 $Q_C>K_{sp}$。具体方法是加入沉淀剂、应用同离子效应、控制溶液 pH。要使离子沉淀完全可加入过量（20% ~30%）的沉淀剂。

当溶液中离子浓度≤1.0×10^{-6}mol · L^{-1}，可认为该离子已被定量沉淀完全。

3. 沉淀的溶解　根据溶度积规则，要使沉淀溶解，可以加入某种试剂，使其与难溶电解质电离出来的离子作用，从而降低该离子的浓度，使 $Q_C<K_{sp}$，平衡向沉淀溶解的方向移动。通常的方法有：①生成弱电解质；②发生氧化还原反应；③生成配合物。

4. 沉淀转化　在含有沉淀的溶液中加入适当的试剂，使其与其中的某一种离子结合，导致第一种沉淀转化为另一种沉淀的现象。由一种难溶沉淀转化为更难溶沉淀的过程比较容易实现，其转化反应的平衡常数大于 1；当两种沉淀的溶解度相差不是很大时，溶解度小的沉淀也可以转化为溶解度稍大一些的沉淀。

5. 分步沉淀　若溶液中含有两种或两种以上能与某一沉淀剂发生沉淀反应的离子时，沉淀不是同时发生，而是按照满足沉淀反应的先后顺序沉淀，这一过程称分步沉淀。

对于同一类型的难溶电解质，当离子浓度相同时，可直接由 K_{sp} 的大小判断沉淀次序，K_{sp} 小的先沉淀，若溶液中离子浓度不同，或沉淀类型不同时，不能直接由 K_{sp} 的大小判断，需根据溶度积规则由计算判断。

强化训练

一、选择题

1. 难溶硫化物如 CuS，HgS，FeS 中有的溶于盐酸溶液，有的不溶于盐酸溶液，主要是因为它们的（　　）

A. 酸碱性不同　　B. 溶解速率不同　　C. K_{sp}不同

D. 晶体结构不同　　E. K_{sp}相同

2. 溶解度与溶度积之间的相互换算是有条件的,下列说法中错误的是（　　）

A. 难溶电解质的离子在溶液中不能发生任何化学反应

B. 难溶电解质溶于水后要一步完全电离

C. 适用于溶解部分完全电离的难溶电解质

D. 适用于离子强度较大,浓度可以代替活度的难溶电解质的饱和溶液

E. 适用于离子强度较小,浓度可以代替活度的难溶电解质的饱和溶液

3. AgCl 沉淀在下列哪种溶液中溶解度最小(　　)

A. 水中　　B. $NaNO_3$　　C. NaBr　　D. $NH_3 \cdot H_2O$　　E. $AgNO_3$

4. 在 $0.010mol \cdot L^{-1} CrO_4^{2-}$ 离子和 $0.10mol \cdot L^{-1} Cl^-$ 离子混合溶液中,逐滴加入 $AgNO_3$溶液,在难溶物 AgCl 和 Ag_2CrO_4中先产生的沉淀物是(　　)

(已知: $K_{sp,AgCl} = 1.73 \times 10^{-10}$, $K_{sp,Ag2CrO4} = 1.12 \times 10^{-12}$)

A. Ag_2CrO_4　　B. AgCl

C. AgCl 和 Ag_2CrO_4同时产生沉淀　　D. AgCl 和 Ag_2CrO_4不产生沉淀

E. 先 Ag_2CrO_4产生沉淀后 AgCl 产生沉淀

5. HgS 溶解在王水中的最主要原因是(　　)

A. 王水能产生 Cl^- C　　B. 王水能产生 NOCl

C. 王水的酸性强　　D. 生成了$[HgCl_4]^{2-}$,S 单质和 NO

E. 王水的氧化性强

6. 向饱和 $BaSO_4$溶液中加入水,下列叙述正确的是(　　)

A. $BaSO_4$的溶解度,K_{sp}均不变　　B. $BaSO_4$的溶解度,K_{sp}均增大

C. $BaSO_4$的溶解度不变,K_{sp}增大　　D. $BaSO_4$的溶解度增大,K_{sp}不变

E. $BaSO_4$的溶解度减小,K_{sp}不变

7. 下列说法中错误的是(　　)

A. 对于K_{sp}较大的难溶电解质的溶解度,盐效应的影响较小

B. 对于K_{sp}较小的难溶电解质的溶解度,盐效应的影响较大

C. 对于K_{sp}较大的难溶电解质的价态越低,盐效应影响小

D. 对于K_{sp}较小的难溶电解质的价态越高,盐效应影响明显

E. 对于K_{sp}较小的难溶电解质,价态越高,盐效应影响小

8. 混合溶液中 Cl^-,Br^-,I^-的浓度相同,若逐滴加入 $Pb(NO_3)_2$ 溶液时,首先析出的沉淀物是(已知:$K_{sp,PbI_2} = 9.8 \times 10^{-9}$,$K_{sp,PbCl_2} = 1.70 \times 10^{-5}$,$K_{sp,PbBr_2} = 6.60 \times 10^{-6}$,$K_{sp,PbF_2} = 3.3 \times 10^{-8}$)(　　)

A. $PbBr_2$　　B. $PbCl_2$　　C. PbI_2

D. PbF_2　　E. PbI_2和 PbF_2同时析出

9. 下列硫化物在盐酸中溶解的难易顺序是(　　)

(已知:$K_{sp,CuS} = 1.27 \times 10^{-36}$,$K_{sp,PbS} = 9.04 \times 10^{-29}$,$K_{sp,MnS} = 4.65 \times 10^{-14}$,$K_{sp,ZnS} = 2.93 \times 10^{-25}$,$K_{sp,FeS} = 1.30 \times 10^{-18}$)

A. MnS, FeS, ZnS, PbS, CuS　　B. CuS, PbS, ZnS, FeS, MnS
C. FeS, MnS, PbS, ZnS, CuS　　D. ZnS, FeS, MnS, PbS, CuS
E. PbS, ZnS, MnS, FeS, CuS

10. Cl^-, Br^-, I^- 都与 Ag^+ 生成难溶性银盐，当混合溶液中上述三种离子的浓度都是 $0.01 mol \cdot L^{-1}$时，加入 $AgNO_3$溶液，则他们产生的沉淀物先后次序是(　　)
A. AgCl, AgBr, AgI　　B. AgBr, AgCl, AgI　　C. AgI, AgCl, AgBr
D. AgBr, AgI, AgCl　　E. AgI, AgBr, AgCl

11. HgS 易溶解于(　　)
A. H_2O　　B. 热、浓 H_2SO_4
C. 浓 HNO_3或稀 HNO_3　　D. 王水
E. 浓 HCl

12. 在氨水中易溶解的物质是(　　)
A. AgI　　B. AgCl　　C. AgBr
D. AgCl 和 AgI　　E. AgI 和 AgBr

13. AgCl 在下列哪种溶液中溶解度增大(　　)
A. AgCl 的饱和溶液　　B. NaCl　　C. $AgNO_3$
D. $NaNO_3$　　E. H_2O

14. 使沉淀溶解的方法是生成(　　)
A. 盐　　B. 强酸　　C. 弱电解质
D. 强碱　　E. 中性物质

15. 针对沉淀溶解，下列说法中错误的是生成(　　)
A. 弱酸　　B. 弱酸盐 [$Pb(Ac)_2$]　　C. 弱碱
D. 水　　E. 强酸

16. 下列关于 K_{sp}的叙述正确的是(　　)
A. K_{sp}可由热力学关系得到，因此是热力学平衡常数
B. K_{sp}表示难溶强电解质在水溶液中达到沉淀溶解平衡时，溶液中离子浓度的幂次方乘积
C. K_{sp}只与难溶电解质的本性有关，而与外界条件无关
D. K_{sp}愈大，难溶电解质的溶解度愈小
E. K_{sp}愈小，难溶电解质的溶解度愈大

17. 下列有关分步沉淀的叙述，正确的是(　　)
A. 溶解度小的物质先沉淀　　B. 溶度积先达到 K_{sp}的物质先沉淀
C. 溶解度大的物质先沉淀　　D. 被沉淀离子浓度大的先沉淀
E. 溶解度小的物质后沉淀

18. AgI 在下列哪种溶液中溶解度增大(　　)
A. $NH_3 \cdot H_2O$　　B. NaCl　　C. $AgNO_3$　　D. KCN　　E. H_2O

19. 在一定温度下，已知 $BaSO_4$的 $K_{sp} = 1.07 \times 10^{-10}$，这表明在含有 $BaSO_4$固体的任何饱和溶液中存在的关系是(　　)
A. $[Ba^{2+}] = [SO_4^{2-}]$　　B. $[Ba^{2+}] \cdot [SO_4^{2-}] = K_{sp}$

C. $[Ba^{2+}][SO_4^{2-}] > K_{sp}$　　D. $[Ba^{2+}][SO_4^{2-}] < K_{sp}$

E. $[Ba^{2+}]+[SO_4^{2-}] = K_{sp}$

20. AgBr 在下列哪种溶液中溶解度增大(　　)

A. $NH_3 \cdot H_2O$　　B. NaBr　　C. $AgNO_3$　　D. $Na_2S_2O_3$　　E. H_2O

21. 在含有 AgCl 沉淀的饱和溶液中,加入 KI 溶液,白色 AgCl 的沉淀转化为黄色 AgI 的沉淀的原因是(　　)(已知 $K_{sp,AgI}=8.51\times10^{-17}$, $K_{sp,AgCl}=1.77\times10^{-10}$)

A. $K_{sp,AgI} > K_{sp,AgCl}$　　B. $K_{sp,AgCl} > K_{sp,AgI}$　　C. $K_{sp,AgCl} = K_{sp,AgI}$

D. 发生了盐效应　　E. 发生同离子效应

22. CuS 易溶于(　　)

A. H_2O　　B. 稀 HNO_3　　C. HCl　　D. HAc　　E. NH_4Cl

23. 沉淀生成的必要条件是(　　)

A. $Q_C = K_{sp}$　　B. $Q_C < K_{sp}$　　C. 保持 Q_C不变

D. $Q_C > K_{sp}$　　E. 温度高

24. 沉淀溶解的必要条件是(　　)

A. $Q_C = K_{sp}$　　B. $Q_C < K_{sp}$　　C. 保持 Q_C不变

D. $Q_C > K_{sp}$　　E. 温度高

25. 对于同一类型的难溶电解质,在一定温度下,下列说法正确的是(　　)

A. K_{sp}越大则溶解度越小　　B. K_{sp}越大则溶解度越大

C. K_{sp}越小则溶解度越小　　D. B 和 C 均正确

E. K_{sp}越小则溶解度越大

26. Ag_2CrO_4的溶解度为 S $mol \cdot L^{-1}$。则 Ag_2CrO_4的 K_{sp} =(　　)

A. $4S^3$　　B. S^2　　C. S^3　　D. $2S^3$　　E. $5S$

27. 下列难溶电解质的溶度积表达式为 $K_{sp}=[A][B]^2$的是(　　)

A. $PbCl_2$　　B. AgBr　　C. Ca_3PO_4　　D. Ag_2CrO_4　　E. $BaSO_4$

28. 下列难溶电解质的溶度积表达式为 $K_{sp}=[A]^2[B]$的是(　　)

A. $PbCl_2$　　B. AgBr　　C. Ca_3PO_4　　D. Ag_2CrO_4　　E. $BaSO_4$

29. 王水的组成是(　　)

A. 1 份稀 HCl 和 3 份稀 HNO_3　　B. 1 份浓 HCl 和 3 份浓 HNO_3

C. 1 份浓 HCl 和 3 份稀 HNO_3　　D. 1 份稀 HCl 和 3 份浓 HNO_3

E. 3 份浓 HCl 和 1 份浓 HNO_3

30. $CaCO_3$在下列哪种试剂中的溶解度最大(　　)

A. 纯水　　B. $0.1mol \cdot L^{-1}$ Na_2CO_3溶液

C. $0.1mol \cdot L^{-1}$ $CaCl_2$溶液　　D. $0.1mol \cdot L^{-1}$ NaCl 溶液

E. $0.1mol \cdot L^{-1}$ $Ca(NO_3)_2$溶液

31. 在含有 AgBr 沉淀的饱和溶液中,能产生同离子效应的是(　　)

A. KI　　B. KBr　　C. NaCl　　D. $CaCl_2$　　E. KCl

32. 某难溶电解质(AB 型)的溶解度为 $0.0010mol \cdot L^{-1}$,则其溶度积常数 $K_{sp,(AB)}$ 为(　　)

A. 1.0×10^{-5}　　B. 1.0×10^{-6}　　C. 1.0×10^{-7}

D. 1.0×10^{-8} E. 1.0×10^{-9}

33. $BaSO_4$的溶解度为 S mol · L^{-1},则 $BaSO_4$的 K_{sp} = (　　)

A. S^2 B. $4S^3$ C. S^3 D. $2S^3$ E. $5S$

34. 为了使沉淀完全,下列说法中正确的是(　　)

A. 加入沉淀剂的量越多越好

B. 加入沉淀剂的量越少越好

C. 一般沉淀剂的用量以过量 20%~30% 为宜

D. 一般沉淀剂的量以过量为好

E. 一般沉淀剂的量适量为好

A. $CaSO_4$(K_{sp} = 7.10×10^{-5}) B. $BaSO_4$(K_{sp} = 1.07×10^{-10})

C. $SrSO_4$(K_{sp} = 3.44×10^{-7}) D. $PbSO_4$(K_{sp} = 1.82×10^{-8})

E. $CaCrO_4$(K_{sp} = 7.1×10^{-4})

35. 溶解度最小的难溶电解质(　　)

36. 溶解度最大的难溶电解质(　　)

已知 298K 时,$BaSO_4$和 Ag_2CrO_4的溶度积分别是 1.07×10^{-10}和 1.12×10^{-12},则它们的溶解度(mol · L^{-1})

A. 1.33×10^{-5} B. 1.03×10^{-5} C. 8.78×10^{-6}

D. 6.54×10^{-5} E. 7.10×10^{-5}

37. $BaSO_4$的溶解度

38. Ag_2CrO_4的溶解度(　　)

A. 水 B. 氯化物 C. 硝酸钾

D. 乙醚和水 E. 乙醚

39. 含有氯化银沉淀的饱和溶液中,产生同离子效应的物质是(　　)

40. 在含有氯化银沉淀的饱和溶液中,产生盐效应的物质是(　　)

A. 水 B. 碘化钾 C. 氰化钾

D. 氯化钠溶液 E. 硝酸钠

41. 含有硝酸银的饱和溶液中,产生同离子效应的是(　　)

42. 含有硝酸银的饱和溶液中,生成配合物的是(　　)

A. FeS B. $Mg(OH)_2$ C. $PbSO_4$ D. Ag_2S E. HgS

43. 溶于铵盐的沉淀物是(　　)

44. 溶于饱和 NaAc 的溶液沉淀物(　　)

A. $CaCO_3$ B. $PbSO_4$ C. $Mn(OH)_2$

D. CuS　　E. HgS

45. 溶于 HAc 溶液中的沉淀物是(　　)

46. 溶于铵盐溶液中的沉淀物是(　　)

A. $PbSO_4$　　B. $Ca_3(PO_4)_2$　　C. Ag_2CrO_4

D. $Fe(OH)_3$　　E. $AgNO_3$

47. AB 型物质(　　)

48. A_2B 型物质(　　)

A. $Q_C > K_{sp}$　　B. $Q_C < K_{sp}$　　C. $Q_C = K_{sp}$

D. $Q_C K_{sp}$　　E. $Q_C K_{sp} < 1$

49. 溶液为过饱和溶液,沉淀产生的条件(　　)

50. 溶液为未饱和溶液,沉淀溶解的条件(　　)

A. $Q_C > K_{sp}$　　B. $Q_C < K_{sp}$　　C. $Q_C = K_{sp}$

D. $Q_C K_{sp}$　　E. $Q_C K_{sp} > 1$

51. 沉淀与溶解处于平衡状态,溶液处于饱和溶液的条件是(　　)

52. 溶液处于未饱和溶液, 沉淀溶解的条件是(　　)

A. Na_2CO_3　　B. H_2O　　C. KNO_3

D. $NH_3 \cdot H_2O$　　E. HAc

53. 在含有 Ag_2CO_3沉淀的溶液中能产生同离子效应的物质是(　　)

54. 在含有 Ag_2CO_3沉淀的溶液中能产生盐效应的物质是(　　)

A. H_2O　　B. $NH_3 \cdot H_2O$　　C. KNO_3溶液

D. $Na_2S_2O_3$溶液　　E. Na_2SO_4

55. AgCl 沉淀在上述哪种溶液中完全溶解(　　)

56. AgBr 沉淀在上述哪种溶液中完全溶解(　　)

A. 碘化银　　B. 碘化钾　　C. 硝酸钠　　D. 氯化银　　E. 溴化银

57. 在含有碘化银沉淀的饱和溶液中,能产生同离子效应的是(　　)

58. 在含有碘化银沉淀的饱和溶液中,能产生盐效应的是(　　)

A. 硝酸钾　　B. 碘化银　　C. 硝酸银　　D. 氯化钾　　E. 溴化银

59. 在含有氯化银沉淀的饱和溶液中,能产生盐效应的是(　　)

60. 在氯化银沉淀的中,加入碘化钾溶液,生成的黄色沉淀是(　　)

A. $Mg(OH)_2$　　B. $Ca_3(PO_4)_2$　　C. $Fe(OH)_3$

D. Ag_2CrO_4　　　　　　　　E. $AgNO_3$

61. AB_2型物质(　　)

62. AB_3型物质(　　)

二、填空题

1. 使$BaSO_4$沉淀溶解的惟一条件是使 $C_{Ba^{2+}}C_{SO_4^{2-}}$ ________ $K_{sp,BaSO_4}$(大于,等于,小于)。
2. 沉淀生成的条件是 Q_C ________ K_{sp};而沉淀溶解的条件是 Q_C ________ K_{sp}(大于,等于,小于)。
3. 由 AgCl 转化为 AgI 的平衡常数表达式为________。
4. 进行溶解度与溶度积常数之间的换算时,为了不引起较大的误差,换算时可把________的密度近似的看作为________的密度($1g \cdot mL^{-1}$)。
5. 某溶液含有 $0.01mol \cdot L^{-1}$ KBr,$0.01mol \cdot L^{-1}$ KCl 和 $0.01mol \cdot L^{-1}$ KI,把 $0.01mol \cdot L^{-1}$ $AgNO_3$溶液逐滴加入时,最先产生的沉淀物是________,最后产生的沉淀物是________。($K_{sp,AgBr}=5.35\times10^{-13}$, $K_{sp,AgCl}=1.77\times10^{-10}$, $K_{sp,AgI}=8.52\times10^{-17}$)
6. 常温时,已知 AgCl,AgBr,AgI 的 K_{sp}依次________,则它们的溶解度也依次________。
7. 溶度积是在一定________下难溶的电解质的________溶液中各离子浓度的幂的乘积为一________。
8. 在一定温度下,$BaSO_4$在 KNO_3在溶液中的溶解度比在纯水中的溶解度________,并且 KNO_3的浓度越________,它的溶解度也越________。
9. 对同种类型的难溶物来说,当生成物的 K_{sp} ________反应物的 K_{sp},且两者的相差越________,沉淀转化反应则越________。

三、是非题

1. 难溶电解质的溶解度均可由其溶度积计算得到。(　　)
2. 由于 AgCl 和 Ag_2CrO_4属于不同类型的难溶电解质,故不能直接采用 K_{sp}大小判断其溶解度的大小。(　　)
3. 在分步沉淀中 K_{sp}小的物质总是比 K_{sp}大的物质先沉淀。(　　)
4. 氢硫酸为很弱的二元酸,因此其硫化物均可溶于强酸中。(　　)
5. 与同离子效应相比,盐效应往往较小,因此可不必考虑盐效应。(　　)
6. 难溶性强电解质在水中的溶解度大于乙醇中的溶解度。(　　)
7. $BaSO_4$在 KNO_3溶液中的溶解度比在纯水中要大。(　　)
8. 在一定温度下,两种难溶物,K_{sp}大的其溶解度也一定最大。(　　)
9. 难溶强电解质溶在水中的部分是全部电离的。(　　)
10. 强酸能置换出弱酸盐中的弱酸,所以一个难溶的弱酸盐必能溶在强酸中。(　　)
11. 沉淀的转化专指 K_{sp}值大的沉淀转变成 K_{sp}小的沉淀而言。(　　)
12. Ag_2CrO_4在纯水中的溶解度小于在 K_2CrO_4溶液中的溶解度。(　　)
13. 难溶盐的 K_{sp}越大,难溶弱酸盐的酸溶反应越易进行,而且在强酸中比在弱酸中更易发生酸溶反应。(　　)

14. 对于 AB 型难溶电解质,溶度积差别越大,利用分步沉淀使共存离子进行分离就越完全。（　　）

四、简答题

1. 何谓溶度积 K_{sp}？对于任一难溶电解质 A_aB_b,在一定温度下达平衡时,写出饱和溶液中的沉淀溶解平衡关系式？并且写出 K_{sp}表达式？
2. 沉淀溶解的方法有哪几种？分别是什么？
3. 实验室中需要较大浓度的 S^{2-} 离子,是用饱和 H_2S 水溶液好,还是用 Na_2S 水溶液好？为什么？
4. 配制 $SnCl_2$,$FeCl_3$溶液为什么不能直接用蒸馏水而先加浓盐酸配制？
5. 试述溶度积规则。

五、计算题

1. 将 $0.001mol \cdot L^{-1} Ag^+$ 和 $0.001mol \cdot L^{-1} Cl^-$ 等体积混合($K_{sp,AgCl} = 1.77 \times 10^{-10}$),是否能析出 AgCl 沉淀？
2. 已知 298K 时 $K_{sp,AgCl} = 1.77 \times 10^{-10}$,$K_{sp,AgBr} = 5.35 \times 10^{-13}$, $K_{sp,AgI} = 8.52 \times 10^{-17}$,$K_{sp,Ag_2CrO_4} = 1.12 \times 10^{-12}$,计算并比较它们的溶解度。
3. 将 $0.010mol \cdot L^{-1} CaCl_2$ 溶液与同浓度的 $Na_2C_2O_4$ 溶液等体积混合,问有无沉淀生成？$K_{sp,CaC_2O_4} = 1.46 \times 10^{-10}$
4. 将 $0.010mol \cdot L^{-1} SrCl_2$溶液 2mL 和 $0.10mol \cdot L^{-1} K_2SO_4$溶液 3mL 混合($K_{sp,SrSO4} = 3.81 \times 10^{-7}$),是否能析出 $SrSO_4$沉淀？
5. 已知室温下,$BaSO_4$的溶度积是 1.07×10^{-10},求 $BaSO_4$的溶解度？

参考答案

一、选择题

1. C	2. D	3. E	4. B	5. D	6. A	7. E	8. C	9. B	10. E
11. D	12. B	13. D	14. C	15. E	16. A	17. B	18. D	19. B	20. D
21. B	22. B	23. D	24. B	25. D	26. A	27. A	28. D	29. E	30. D
31. B	32. B	33. A	34. C	35. B	36. E	37. B	38. D	39. B	40. C
41. E	42. C	43. B	44. C	45. A	46. C	47. A	48. C	49. A	50. B
51. C	52. B	53. A	54. C	55. B	56. D	57. B	58. C	59. A	60. B
61. A	62. C								

二、填空题

1. 小于　2. 大于,小于　3. $K = [I^-]/[Cl^-]$　4. 难溶电解质的饱和溶液,水　5. AgI,AgCl　6. 减小,减小　7. 温度(T),饱和溶液,常数

8. 大,大,大 9. 小于,大,彻底(完全)

三、是非题

1. × 2. √ 3. √ 4. × 5. √ 6. √ 7. √ 8. × 9. √ 10. √
11. × 12. × 13. √ 14. √

四、简答题

1. 答:溶度积 K_{sp}:在一定温度下,难溶的电解质的饱和溶液中各离子浓度幂的乘积为一常数。此常数叫溶度积常数,简称溶度积。
   沉淀溶解平衡关系式: $A_aB_b(s) \rightleftharpoons aA^{n+}(aq) + bB^{m-}(aq)$
   K_{sp}表达式: $K_{sp}(s) = [A^{n+}]^a[B^{m-}]^b$
2. 答:有三种。
   (1) 生成电解质:①生成弱酸;②生成弱酸盐;③生成弱碱;④生成水。(2)发生氧化还原使沉淀溶解。(3)生成配离子使沉淀溶解。
3. 答:用 Na_2S 水溶液好。因为:H_2S 为二元弱酸,是弱电解质,在水中发生部分电离,S^{2-}离子浓度小;而 Na_2S 为盐,是强电解质,在水中发生全部电离,S^{2-}离子浓度大。
4. 答:因为 $SbCl_3$,$FeCl_3$中的 Sb^{3+}和 Fe^{3+}均可发生水解反应,生成白色的 S_bOCl 沉淀和棕红色的 $Fe(OH)_3$沉淀,使溶液变混浊。所以为防止他们发生水解反应,在配制溶液时先加浓盐酸后再加水。
5. 答:溶度积规则是难溶的电解质多项离子平衡移动规律的总结:
   (1) $Q_C > K_{sp}$是饱和溶液,平衡向生成沉淀的方向移动。
   (2) $Q_C < K_{sp}$是未饱和溶液,平衡向生成溶解的方向移动。
   (3) $Q_C = K_{sp}$沉淀与溶解达到动态平衡,是饱和溶液。

五、计算题

1. 解:当相同浓度的 Ag^+和 Cl^-等体积混合后,各离子浓度减半

$$C_{Ag^+} = \frac{0.001}{2}5.0 \times 10^{-4}(mol \cdot L^{-1})$$

$$C_{Cl^-} = \frac{0.001}{2}5.0 \times 10^{-4}(mol \cdot L^{-1})$$

$$Q_{C,AgCl} = C_{Ag^+} \cdot C_{Cl^-} = (5.0 \times 10^{-4})^2 = 2.5 \times 10^{-7}$$

因为 $Q_{C,AgCl} > K_{sp,AgCl}$ $2.5 \times 10^{-7} > 1.777 \times 10^{-10}$

所以 可析出 AgCl 沉淀(或↓)

2. 解:(1)设 AgX 的溶解度为 $S(mol \cdot L^{-1})$,根据

$$AgX(S) \rightleftharpoons Ag^{n+}(aq) + X^-(aq)$$

$$[Ag^+] = [X^-] = S$$

平衡时 $K_{sp,AgX} = [Ag^+][X^-] = S \cdot S = S^2$

所以 $S = \sqrt{K_{sp}}$

$$S_{AgCl} = \sqrt{1.77 \times 10^{-10}} = 1.33 \times 10^{-5}(mol \cdot L^{-1})$$

$$S_{AgBr} = \sqrt{5.35 \times 10^{-13}} = 7.29 \times 10^{-7}(mol \cdot L^{-1})$$

$$S_{AgI} = \sqrt{8.52 \times 10^{-10}} = 9.23 \times 10^{-9}(mol \cdot L^{-1})$$

(2) 设 Ag_2CrO_4的溶解度为 $S(mol \cdot L^{-1})$,根据

$Ag_2CrO_4(s) \rightleftharpoons 2\,Ag^+(aq) + CrO_4^{2-}(aq)$

平衡时 $[Ag^+] = 2S, [CrO_4^{2-}] = S$

$$K_{sp, Ag_2CrO_4} = [Ag^+][CrO_4^{2-}] = (2S)^2 \cdot S = 4S^3$$

$$S_{Ag_2CrO_4} = \sqrt{\frac{K_{sp}}{4}} = \sqrt{1.12 \times 10^{-12}} = 6.45 = 10^{-5}(mol \cdot L^{-1})$$

3. 解:等体积混合后,

$$C_{Ca^{2+}} = 5.0 \times 10^{-3} mol \cdot L^{-1}, C_{CrO_4^{2-}} = 5.0 \times 10^{-3} mol \cdot L^{-1}$$

$$Q_{C, CaC_2O_4} = C_{Ca^{2+}} C_{CrO_4^{2-}} = (5.0 \times 10^{-3})(5.0 \times 10^{-3})$$

$$= 2.5 \times 10^{-5} > 1.46 \times 10^{-10}$$

$Q_{C, CaC_2O_4} > K_{sp, CaC2O4}$所以 可以析出 CaC_2O_4沉淀(或↓)

4. 解:

$$C_{Sr^{2+}} = 0.01 \times 2/5 = 4.0 \times 10^{-3} mol \cdot L^{-1}$$

$$C_{So_4^{2-}} = 0.1 \times 3/5 = 6.0 \times 10^{-2} mol \cdot L^{-1},$$

$$Q_{C, SrSO4} = C_{Sr^{2+}} \cdot C_{So_4^{2-}} = (4.0 \times 10^{-3})(6.0 \times 10^{-2}) = 2.4 \times 10^{-4} > 3.44 \times 10^{-7}$$

因为 $Q_{C, SrSO4} > K_{sp, SrSO4}$

所以,可以析出 $SrSO_4$沉淀(或↓)

5. 解:(1)设 $BaSO_4$的溶解度为 $S(mol \cdot L^{-1})$,根据

$$BaSO_4(s)\ Ba^{2+}(aq) + SO_4^{2-}(aq)$$

$$[Ba^{2+}] = [SO_4^{2-}] = S$$

平衡时

$$K_{sp, BaSO_4} = [Ba^{2+}][SO_4^{2-}] = S \cdot S = S^2$$

$$S = \sqrt{K_{sp}}$$

所以

$$S_{BaSO_4} = \sqrt{1.07 \times 10^{-10}} = 1.03 \times 10^{-5}(mol \cdot L^{-1})$$

(王 岩)

第5章 氧化还原

基本要求

1. 掌握原电池的组成,能正确判断电极的正、负极和书写电极反应及原电池符号。
2. 掌握标准电池电动势的计算公式和意义,并用其正确判断氧化还原反应自发进行的方向。用标准电极电势值判断氧化剂和还原剂的相对强度。
3. 掌握氧化还原反应的标准平衡常数的计算公式和应用,根据标准平衡常数值的大小正确判断氧化还原反应进行的限度。
4. 掌握能斯特方程的应用和溶液的酸度对电极电势影响。
5. 掌握元素电势图及其应用。
6. 熟悉氧化还原反应的基本概念和常见氧化剂、还原剂。
7. 熟悉氧化还原方程式的配平。
8. 了解电势-pH图。

学习要点

化学反应,从广义上可以分为三大类:酸碱反应、氧化还原反应和自由基反应,其中氧化还原反应是最基本的反应,也是一类最重要的反应。

一、基本概念

氧化数:一个元素的表现荷电数,该数是假设把每个键中的电子指定给电负性较大的原子而求得。氧化数与元素化合价的含义不同,化合价反映的是元素形成化学键的能力。在许多情况下,两者具有相同的值。

确定氧化数的一般规则:

1. 单质的氧化数为零,化合物中各元素的氧化数之和为零,离子团中各元素的氧化数之和等于离子所带电荷值。

2. 化合物中金属的氧化数恒为正值,氟的氧化数恒为 -1。

3. 化合物中,氧的常见氧化数为 -2,氢为 +1。

氧化剂和还原剂:常见氧化剂、还原剂的种类,相互关系及判断。

氧化还原电对与半反应:氧化型与还原型、电对的写法、半反应的写法及半反应的配平。

二、氧化还原反应方程式的配平

氧化还原反应方程配平的关键。

1. 配平时,反应方程式中正、负电性的变化要保持相互对应(氧化数配平或离子电子数配平)。在氧化数法中,还原剂的氧化数升高总值一定等于氧化剂的氧化数降低总值;在离子电子法中,还原剂在反应中失去的电子数必须等于氧化剂获得的电子数。

2. 反应的原子数配平,即反应前后各元素的原子数应保持不变。

3. 反应的介质的影响:要掌握在不同的介质中,如何添加 H^+,OH^- 和 H_2O 的方法。

要注意两种配平方法的特点:氧化数法可用于任意条件下氧化还原反应的配平,离子电子法只适用于水溶液中氧化还原反应的配平。

三、原电池与氧化还原反应

原电池是借助于氧化还原反应将化学能转变为电能的装置,理论上任一自发进行的氧化还原反应都可以设计为原电池。原电池由两个半电池组成。对于铜锌电池

氧化半反应

$$Zn - 2e = Zn^{2+} \quad \text{锌电极 } Zn|Zn^{2+}(C)$$

还原半反应

$$Cu^{2+} + 2e = Cu \quad \text{铜电极 } Cu|Cu^{2+}(C)$$

电池反应

$$Zn + Cu^{2+} = Cu + Zn^{2+}$$

原电池表示为

$$(-)Zn(s)|Zn^{2+}(C_1) \parallel Cu^{2+}(C_2)|Cu(s) \ (+)$$

盐桥将两个半电池连接起来构成回路,保持两半电池溶液的电荷平衡,消除液体接界电势。

四、电极电势和标准电极电势

将任意氧化还原电对

$$aO_x + ne \rightleftharpoons b\mathrm{Red}$$

设计成电极,电极表面与电极溶液之间将形成一种双电层结构,并产生电势差,此电势差就定义为电对的电极电势 $E_{O_x/\mathrm{Red}}$。

电极电势:表明元素不同氧化态之间得失电子能力的大小,受浓度、温度等多种因素的影响。无法测量某一电对电极电势的绝对值,人为规定标准氢电极的电极电势为零,将不同电对的标准电极作正极,标准氢电极作负极组成原电池,测得的电池电动势值就是该电极的标准电极电势。

$$E^{\ominus}_{\text{池}} = E^{\ominus}_{\text{正}} - E^{\ominus}_{\text{负}}$$

$$E^{\ominus}_{\text{负}} = E^{\ominus}_{H^+/H_2} = 0.00V$$

$$E^{\ominus}_{\text{池}} = E^{\ominus}_{\text{正}}$$

电对的标准电极电势与介质有关。由于不同酸度介质中各种电对的标准电极电势,得到酸表($a_{H^+} = 1mol \cdot L^{-1}$)和碱表($a_{OH^-} = 1mol \cdot L^{-1}$)。查阅无机化学书和文献,可以得到各种电极在不同酸碱介质中的标准电极电势值。

五、影响电极电势的因素

Nernst 方程：影响电极电势的因素很多，归结起来有三个：电对的本性（内因，$E^{\ominus}_{池}$，n）、温度（T）、浓度（C）、压力（P）外因。Nernst 方程讨论了它们之间的关系：

$$E = E^{\ominus} + \frac{RT}{nF}\ln\frac{C^{a}_{O_x}}{C^{b}_{Red}}$$

注意这里的 $C^{a}_{O_x}$ 和 C^{b}_{Red} 是代表还原半反应中所有反应物和产物的浓度之积。

多数电极反应都是在常温（25℃）下进行的，在温度变化不大情况下。将 $T = 298K$ 以及 R，F 值代入上式得：

$$E = E^{\ominus} + \frac{0.059}{n}\lg\frac{C^{a}_{O_x}}{C^{b}_{Red}}$$

此式表明，改变 C_{O_x} 或 C_{Red}，电对的电极电势值将随之变化。

1. 直接改变 C_{O_x} 或 C_{Red}：代入上式即可计算电极电势变化值，这种情况包括改变那些有 H^+ 或 OH^- 参加电极反应的溶液的 C_{H^+} 或 C_{OH^-}。

2. 间接改变 C_{O_x} 或 C_{Red}：在电极溶液中加入能与电对氧化型或还原型发生反应的试剂，可间接改变 C_{O_x} 或 C_{Red}。浓度的变化值可用多重平衡的方法进行求算。

六、电极电势的应用

1. 判断氧化剂和还原剂的相对强弱　$E^{\ominus}$ 值越高，电对中氧化型物质的氧化能力越强，还原型物质的还原能力越弱；反之亦然。

2. 判断氧化还原反应的方向和程度　比较两氧化还原电对的电极电势，电极电势高的电对的氧化型物质能够自动氧化电极电势低的电对的还原型物质；两电对的电极电势相等时，反应达到平衡。

3. 计算氧化还原反应的标准平衡常数　利用标准电极电势可计算标准电池的电动势 $E^{\ominus}_{池}$，标准平衡常数 $k^{\ominus}$ 的关系为：

$$\lg K^{\ominus} = \frac{nE^{\ominus}_{池}}{0.059}$$

4. 元素的标准电势图　将同一元素不同氧化态按氧化数从高到低直接连接起来，在各连线上标出相应的标准电极电势值，即为该元素的标准电势图。利用元素电势图可以方便地分析元素各氧化态的氧化能力、还原能力以及稳定性，判断元素中间氧化态是否发生歧化反应，计算元素氧化态之间未知的标准电极电势。

强化训练

一、选择题

1. $KMnO_4$ 在强酸性介质中被还原的产物是（　　）

A. Mn^{2+} B. Mn^{3+} C. $MnO_2\downarrow$ D. MnO_4^{2-} E. Mn

2. 下列错误的是(　　)

A. H^+的氧化数是 +1 B. Fe^{2+}的氧化数是 +2

C. $Cr_2O_7^{2-}$中 铬的氧化数是 +5 D. MnO_4^-中锰的氧化数是 +7

E. Cu 的氧化数是 0

3. 下列物质中最强的氧化剂是(　　)

A. MnO_4^-($E^\theta_{MnO_4^-/Mn^{2+}}=1.507V$) B. $Cr_2O_7^{2-}$($E^\theta_{Cr_2O_7^{2-}/Cr^{3+}}=1.323V$)

C. Cl_2($E^\theta_{Cl_2/Cl^-}=1.358V$) D. F_2($E^\theta_{F_2/F^-}=2.866V$)

E. $E^\theta_{I_2/I^-}=0.536V$

4. 已知:$E^\theta_{I_2/I^-}=0.536V$, $E^\theta_{Fe^{3+}/Fe^{2+}}=0.771V$, $E^\theta_{Cl_2/Cl^-}=1.358V$,$E^\theta_{MnO_4^-/Mn^{2+}}=1.507V$,在含有 Cl^-和 I^-离子的混合溶液中,为使 I^-氧化为 I_2,而 Cl^-不被氧化,应选择哪种氧化剂(　　)

A. MnO_4^- B. Fe^{3+} C. Fe^{3+}和 MnO_4^-均可 D. Fe^{2+} E. Fe

5. 溶液的氢离子浓度增大,下列氧化剂中氧化性增强的物质是(　　)

A. Cl_2 B. Fe^{3+} C. Sn^{4+} D. I_2 E. MnO_4^-

6. 标态下,氧化还原反应正向自发进行的判据是(　　)

A. $E_{池}>0$ B. $E^\theta_{池}>0$ C. $E_{池}<0$ D. $E^\theta_{池}<0$ E. $E^\theta_{池}=0$

7. 下列物质中最强的还原剂是(　　)

A. Zn($E^\theta_{Zn^{2+}/Zn}=-0.762V$) B. H_2($E^\theta_{H^+/H_2}=0V$)

C. Cl^-($E^\theta_{Cl_2/Cl^-}=1.358V$) D. Br^-($E^\theta_{Br_2/Br^-}=1.087V$)

E. I^-($E^\theta_{I_2/I^-}=0.536V$)

8. 氧化还原反应的平衡常数 *K* 是化学平衡常数,因此,关于 *K* 值描述正确的是(　　)

A. 与温度无关 B. 与浓度无关

C. *K* 值越大反应进行趋势越大 D. 与浓度有关

E. *K* 值越大反应进行的趋势越慢

9. 在 Na_2SO_4, $Na_2S_2O_3$, $Na_2S_4O_6$中,S 的氧化数分别为(　　)

A. +6, +4, +2 B. +6, +2.5, +4 C. +6, +2, +2.5

D. +6, +4, +3 E. +6, +5, +4

10. 今有一电池:(−)Pt | $H_2(P^\theta)$ | $H^+(1mol\cdot L^{-1})$ ‖ $Cu^{2+}(1mol\cdot L^{-1})$ | Cu(s)(+),正极是(　　)

A. Cu^{2+} B. Cu^{2+}/Cu C. H^+/H_2 D. Cu E. Cu^+

11. 反应:$Cu^{2+}+Sn^{2+}\rightleftharpoons Cu+Sn^{4+}$在非标准状态下可正向自发进行,下列正确的是(　　)

A. $E^\theta_{Cu^{2+}/Cu}>E^\theta_{Sn^{4+}/Sn^{2+}}$ B. $E_{Cu^{2+}/Cu}>E_{Sn^{4+}/Sn^{2+}}$

C. $E^\theta_{Cu^{2+}/Cu}<E^\theta_{Sn^{4+}/Sn^{2+}}$ D. $E_{Cu^{2+}/Cu}<E_{Sn^{4+}/Sn^{2+}}$

E. $E_{Cu^{2+}/Cu}=E_{Sn^{4+}/Sn^{2+}}$

12. 下列反应:$2Fe^{2+}+I_2\rightleftharpoons 2Fe^{3+}+2I^-$在标态下自发进行的方向是($E^\theta_{Fe^{3+}/Fe^{2+}}=0.771V$, $E^\theta_{I_2/I^-}=0.536V$)(　　)

A. 正向自发 B. 逆向自发 C. 不能进行

D. 处于平衡　　E. 以上都不是

13. 在非标态下,氧化还原反应正向自发进行的判据是(　　)

A. $E^{\ominus}_{池}>0$　　B. $E^{\ominus}_{池}<0$　　C. $E_{池}>0$　　D. $E_{池}<0$　　E. $E_{池}=0$

14. $KMnO_4$在中性或弱碱性介质中的还原产物是(　　)

A. Mn^{2+}　　B. Mn^{3+}　　C. MnO_2沉淀　　D. MnO_4^{2-}　　E. Mn

15. 氧化还原反应 $3As_2S_3 + 28HNO_3 + 4H_2O = 6H_3AsO_4 + 28NO + 9H_2SO_4$中作还原剂的元素是(　　)

A. As　　B. As,N　　C. S,N　　D. As,S　　E. O,N

16. $KMnO_4$在强碱性介质中的还原产物是(　　)

A. Mn^{2+}　　B. Mn^{3+}　　C. $MnO_2\downarrow$　　D. MnO_4^{2-}　　E. Mn

17. 若反应 $2H_2(g) + O_2(g) = 2H_2O(l)$的标准电池电动势为$E^{\ominus}_{池}$,则反应 $H_2O(l) = H_2(g) + 1/2\ O_2(g)$的标准电池电动势为(　　)

A. $E^{\ominus}_{池}$　　B. $-E_{池\ominus}$　　C. $1/2\ E^{\ominus}_{池}$　　D. $2E^{\ominus}_{池}$　　E. $E_{池}$

18. 电极反应 $MnO_4^- + 5e + 8H^+ \rightleftharpoons Mn^{2+} + 4H_2O$ 中,还原态物质是(　　)

A. MnO_4^-　　B. H^+　　C. H_2O　　D. Mn^{2+}　　E. MnO_4^{2-}

19. 已知$E^{\ominus}_{Sn^{4+}/Sn^{2+}}=0.151V$,$E^{\ominus}_{Fe^{3+}/Fe^{2+}}=0.771V$,在含有$Sn^{2+}$,$Fe^{2+}$离子的酸性溶液中,通入$O_2$($E^{\ominus}_{A\,O_2/H_2O}=1.229V$),首先发生氧化反应的是(　　)

A. Sn^{2+}　　B. Sn^{4+}　　C. Fe^{2+}　　D. Fe^{3+}　　E. Fe

20. 相同条件下,若反应 $I_2 + 2e \rightleftharpoons 2I^-$ 的 $E^{\ominus} = +0.536V$,则反应$\frac{1}{2}I_2 + e == I^-$ 的 $E^{\ominus}$值为(　　)

A. 0.269V　　B. 1.071V　　C. 0.536V　　D. 0.071V　　E. 2.071V

21. 对于铜-锌原电池描述正确的是(　　)

A. 铜极板质量减少　　B. 锌极板质量减少　　C. 铜极发生氧化反应

D. 锌极发生还原反应　　E. 铜、锌极均发生氧化反应

22. 对于原电池描述正确的是(　　)

A. 正极发生的是还原反应　　B. 正极发生的是氧化反应　　C. 正极是失电子的一极

D. 负极是得电子的一极　　E. 负极发生还原反应

23. 标态下,下列描述正确的是(　　)

A. $E^{\ominus}_{池}>0$ 时,反应一定正向自发　　B. $E^{\ominus}_{池}>0$ 时,反应一定逆向自发

C. $E^{\ominus}_{池}$与反应的进行方向无关　　D. $E^{\ominus}_{池}$越大,反应的推动力越小

E. $E^{\ominus}_{池}$绝对值越大,反应的推动力越小

24. 对于$E^{\ominus}$描述正确的是(　　)

A. $E^{\ominus}$值越小,电对中氧化型物质的氧化性越强

B. $E^{\ominus}$的绝对值越大,氧化性越强

C. $E^{\ominus}$值越大,电对中氧化型物质的氧化性越强

D. $E^{\ominus}$与氧化还原性无关

E. $E^{\ominus}$值越大,电对中氧化型物质的氧化性越小

25. 在反应 $Zn + 2H^+ \rightleftharpoons Zn^{2+} + H_2\uparrow$ 中作氧化剂的物质是(　　)

A. Zn　　B. H^+　　C. Zn^{2+}　　D. H_2　　E. H_2O

26. MnO_4^- 中 Mn 的氧化数是(　　)

A. 1　　B. −7　　C. 7　　D. 6　　E. 5

27. IUPAC 规定的标准电极是(　　)

A. 甘汞电极　　B. 银－氯化银电极　　C. 标准氢电极

D. 铜电极　　E. 锌电极

28. 电极符号写法错误的是(　　)

A. Zn (s) | $Zn(c)^{2+}$

B. Pt | Cl_2(p) | cl^-(c) |

C. C(石墨) | $Fe^{3+}_{(c_1)}$ | $Fe^{2+}_{(c_2)}$

D. Ag(s) | AgCl (s) | $Cl^-_{(c)}$

E. C (石墨) | Zn (s) | $Zn^{2+}_{(c)}$

29. 对于 E° 描述错误的是(　　)

A. E° 越大电极中氧化型物质的氧化性越强

B. E° 越大电极中氧化型物质越易被还原

C. E° 越小电极中还原型物质还原性越强

D. E° 越小电极中还原型物质越易被氧化

E. E° 越大电对中氧化型物质的氧化能力越弱

30. 今有一电池：(−) Zn^{2+} (1mol · L^{-1}) | Zn (s) ‖ H^+ (1mol · L^{-1}) | H_2(100kP_a) | Pt (S)(+)，正极是(　　)

A. Cu^+/Cu　　B. Cu^{2+}/Cu　　C. H^+/H_2

D. Cu　　E. Cu^+

31. 已知 Cu^{2+}/Cu^+ 的 $E^\circ = 0.159V$，Cu^+/Cu 的 $E^\circ = 0.520V$，则反应 $2Cu^+ \rightleftharpoons Cu^{2+} + Cu$ 的标准平衡常数为(　　)

A. 1.73×10^6　　B. 1.73×10^7　　C. 2.95×10^6

D. 2.95×10^{12}　　E. 3.92×10^{12}

32. 下列说法错误的是(　　)

A. $\lg K^\circ = n \quad E^\circ_{池}/0.059 = n\dfrac{E^\circ_{池}}{0.059}$

B. $E^\circ_{池}$ 越大平衡常数也越大

C. $E^\circ_{池}$ 与速率无关

D. $E^\circ_{池}$ 越大氧化还原反应推动力越小，氧化还原反应首先发生

E. $E^\circ_{池}$ 越大氧化还原反应推动力越大，氧化还原反应首先发生

33. 下列有关氧化数的叙述中，错误的是(　　)

A. 单质的氧化数均为零

B. 离子团中，各原子的氧化数之和等于离子的电荷数

C. 氧化数既可以为整数，也可以为分数

D. 氟的氧化数均为 -1

E. 氢的氧化数均为 +1,氧的氧化数均为 -2

34. $S_4O_6^{2-}$ 中有两个 S 的氧化数是 0,另两个 S 的氧化数是 +5,所以在整个离子中,S 的氧化数平均值为(　　)

A. 6　　B. 7　　C. 5　　D. 2.5　　E. 2

35. 已知电对 Cl_2/Cl^-,Br_2/Br^-,I_2/I^- 的 $E^{\ominus}$ 值依次减小,下列错误的是(　　)

A. Cl_2 的氧化性相对最强　　B. Br_2 的氧化性次于 Cl_2

C. I_2 的氧化性次于 Br_2　　D. Cl^-,Br^-,I^- 的还原性依次减弱

E. Cl^-,Br^-,I^- 的还原性依次增强

36. 电池反应 $MnO_4^- + 5H_2O_2 + 6H^+ \rightleftharpoons 2Mn^{2+} + 5O_2 + 8H_2O$ 的正极属于下列哪一类电极(　　)

A. 金属 - 金属离子电极　　B. 气体 - 离子电极

C. 氧化还原电极　　D. 金属 - 金属难溶性电极 - 阴离子电极

E. 以上都不是

37. 还原反应的定义是(　　)

A. 获得氧　　B. 丢失电子C. 原子核丢失电子

D. 获得电子　　E. 获得氢

38. 下列哪一组溶液的离子不能共存(　　)

A. Al^{3+},Zn^{2+},Br^-,I^-　　B. Fe^{3+},Zn^{2+},Cl^-,I^-

C. Al^{3+},Zn^{2+},Br^-,I^-　　D. Ba^{2+},NH_4^+,S^{2-},Br^-

E. Ba^{2+},NH_4^+,I^-,Cl^-

39. 已知 $E^{\ominus}_{Fe^{2+}/Fe} = -0.440V$,$E^{\ominus}_{Fe^{3+}/Fe^{2+}} = 0.771V$,$E^{\ominus}_{MnO_4^-/Mn^{2+}} = 1.507V$,$E^{\ominus}_{Sn^{4+}/Sn^{2+}} = 0.151V$,试用标准电极电势值判断下列每组物质不能共存的是(　　)

A. Fe 和 Sn^{2+}　　B. Fe^{2+} 和 Fe

C. Fe^{2+} 和 MnO_4^-(酸性介质)　　D. Fe^{3+} 和 Sn^{4+}

E. Fe^{2+} 和 Sn^{2+}

40. 已知 298 K 时,$E^{\ominus}_{MnO_4^-/Mn^{2+}} = 1.507V$,$E^{\ominus}_{H_2O_2/H_2O} = 1.780V$,$E^{\ominus}_{Cr_2O_7^{2-}/Cr^{3+}} = 1.232V$,$E^{\ominus}_{Fe^{3+}/Fe^{2+}} = 0.771V$,$E^{\ominus}_{Cl_2/Cl^-} = 1.358V$,$E^{\ominus}_{Br_2/Br^-} = 1.066V$。标准状态下,若将 Cl^- 和 Br^- 离子混合液中的 Br^- 氧化成 Br_2,而 Cl^- 不被氧化,可选择的氧化剂是(　　)

A. $KMnO_4$　　B. H_2O_2　　C. $K_2Cr_2O_7$　　D. $FeCl_3$　　E. Cr^{3+}

41. 银和碘电对中最强的氧化剂是(已知 $E^{\ominus}_{Ag^+/Ag} = +0.799V$,$E^{\ominus}_{I_2/I^-} = +0.536V$)(　　)

A. Ag　　B. I^-　　C. Ag^+　　D. I_2　　E. I_3^-

42. 在 $Cr_2O_7^{2-} + I^- + H^+ = Cr^{3+} + I_2 + H_2O$ 反应式中,配平后各物种的化学计量数从左至右依次为(　　)

A. 1,3,14,2,1,7　　B. 2,6,28,4,3,14　　C. 1,6,14,2,3,7

D. 2,3,28,4,1,14　　E. 3,6,15,8,9

43. 已知 $E^{\ominus}_{Fe^{3+}/Fe^{2+}} > E^{\ominus}_{Sn^{4+}/Sn^{2+}}$,则下列物质中还原性最强的是(　　)

A. Fe^{2+}　　B. Fe^{3+}　　C. Sn^{4+}　　D. Sn^{2+}　　E. 溶液中的水

44. 氧化反应的定义是(　　)
A. 获得氧　B. 丢失电子　C. 原子核丢失电子
D. 获得电子　E. 获得氢

45. 实验室制备氯气时,二氧化锰(　　)
A. 被氧化　B. 被还原　C. 被沉淀　D. 是催化剂　E. 被水解

46. 卤素中最容易被还原的物质是(　　)
A. 氯　B. 溴　C. 碘　D. 氟　E. 以上都错

47. 在酸性介质中,H_2O_2分别与 KI 和 $KMnO_4$反应时,H_2O_2所起的作用分别为(　　)
A. 氧化剂,还原剂　B. 氧化剂,氧化剂　C. 还原剂,还原剂
D. 还原剂,氧化剂　E. 既不做氧化剂又不做还原剂

48. $KMnO_4$水溶液呈显的颜色是(　　)
A. 白色　B. 紫红色　C. 绿色　D. 蓝色　E. 黑色

49. 保存 $SnCl_2$水溶液必须加入 Sn 粒子的目的是防止(　　)
A. $SnCl_2$水解　B. $SnCl_2$被还原　C. $SnCl_2$被氧化
D. $SnCl_2$发生歧化反应　E. 既防止 $SnCl_2$被氧化又防止 $SnCl_2$被还原

50. 下列能发生水解反应的一组离子是(　　)
A. Ca^{2+},Sn^{2+},Fe^{2+} Al^{3+}　B. Bi^{3+},Al^{3+},Sn^{2+},Pb^{4+}
C. Al^{3+},K^{+},Ca^{2+},Sn^{2+}　D. Fe^{3+},Bi^{3+},Al^{3+},Sn^{2+}
E. Al^{3+},K^{+},Fe^{3+},Bi^{3+}

51. 单质 I_2在 CCl_4中呈显的颜色是(　　)
A. 无色　B. 黑色　C. 黄色　D. 棕色　E. 紫色

52. 下列哪组离子的溶液不可久置(　　)
A. Al^{3+},Cr^{3+},Fe^{3+},Mn^{2+}　B. Al^{3+},K^{+},Ca^{2+},Sn^{2+}
C. Bi^{3+},Al^{3+},Sn^{2+},Pb^{4+}　D. Sn^{2+},S^{2-},Fe^{2+},I^{-}
E. Fe^{3+}, Bi^{3+}, Al^{3+},Sn^{2+}

53. 下列物质中既能做氧化剂又能做还原剂的一组是(　　)
A. H_2O_2,I_2,Cl_2　B. SO_2,HNO_3,$KMnO_4$　C. H_2O_2,$NaNO_2$,HNO_3
D. HNO_3,H_2O_2,I_2　E. SO_2,H_2O_2,$NaNO_3$

54. 电池符号是(－)Pt | Fe^{3+}(C_1) | Fe^{2+}(C_2) ‖ Cl^-(C_3) | Cl_2($P^\ominus$)Pt(＋)的半电池反应(电极反应)正确的是(　　)
A. $Fe^{3+} + e \rightleftharpoons Fe^{2+}$　B. $Fe^{2+} - e \rightleftharpoons Fe^{3+}$　C. $2Cl^- - 2e \rightleftharpoons Cl_2$
D. $Cl_2 + 2e \rightleftharpoons 2Cl^-$　E. $Cl_2 + 2Fe^{2+} \rightleftharpoons 2Fe^{3+} + 2Cl^-$

55. 关于歧化反应,正确的叙述是(　　)
A. 同种分子里两种原子之间发生的氧化还原反应
B. 歧化反应发生的条件是 $E^\ominus_{右} > E^\ominus_{左}$
C. 反应发生的条件是元素有中间氧化数
D. 歧化反应发生的条件是元素无中间氧化数
E. 歧化同种分子里同种元素同种价态的原子之间发生的氧化还原反应

56. 已知标准状态下,反应 $2Cu^{+} \rightleftharpoons Cu^{2+} + Cu$ 可自发向右进行的条件是(　　)

A. $E^{\ominus}_{Cu^{2+}/Cu} > E^{\ominus}_{Cu^{+}/Cu}$　　B. $E^{\ominus}_{Cu^{2+}/Cu^{+}} < E^{\ominus}_{Cu^{+}/Cu}$

C. $E_{Cu^{2+}/Cu} < E_{Cu^{+}/Cu}$　　D. $E^{\ominus}_{Cu^{2+}/Cu} = E^{\ominus}_{Cu^{+}/Cu}$

E. $E_{Cu^{2+}/Cu} > \mathrm{E}^{\ominus}_{Cu^{+}/Cu}$

57. 用 Nernst 方程式计算 MnO_4^-/Mn^{2+} 的电极电势,下列叙述中哪一项不正确(　　)

A. Mn^{2+} 浓度增大,则 E 减小　　B. MnO_4^- 浓度增大,则 E 增大

C. H^+ 浓度的变化对 E 值影响大　　D. E 和得失电子数无关

E. E 和得失电子数有关

58. 已知标准状态下,反应 $Fe^{3+} + Fe \rightleftharpoons 2Fe^{2+}$ 可自发向右进行的条件是(　　)

A. $E^{\ominus}_{Fe^{3+}/Fe^{2+}} < E^{\ominus}_{Fe^{2+}/Fe}$　　B. $E^{\ominus}_{Fe^{3+}/Fe^{2+}} > E^{\ominus}_{Fe^{2+}/Fe}$

C. $E_{Fe^{3+}/Fe^{2+}} < E_{Fe^{2+}/Fe}$　　D. $E_{Fe^{3+}/Fe^{2+}} > E_{Fe^{2+}/Fe}$

E. $E^{\ominus}_{Fe^{3+}/Fe^{2+}} = E^{\ominus}_{Fe^{2+}/Fe}$

59. 已知,$E^{\ominus}_{Sn^{4+}/Sn^{2+}} = 0.151V$,$E^{\ominus}_{Hg^{2+}/Hg} = 0.851V$ 两电对组成标准原电池时,做氧化剂的物质是(　　)

A. Sn^{2+}　　B. Sn^{4+}　　C. Hg^{2+}　　D. Hg　　E. Sn

60. 在以水为溶剂的反应体系中,下列金属单质中哪一种不适宜作还原剂(　　)

A. Na　　B. Zn　　C. Cu　　D. Mg　　E. Fe

61. 卤素离子中最容易被氧化的物质是(　　)

A. Cl^-　　B. I^-　　C. Br^-　　D. F^-　　E. 以上都错

62. Br_2 在碱性溶液中不稳定,是因为发生了反应(　　)

A. 歧化反应　　B. 水解反应　　C. 同离子反应

D. 盐效应　　E. 酸碱反应

63. 影响电极电势的因素有(　　)

A. 温度　　B. 酸度　　C. 压力

D. 浓度　　E. 温度、酸度、浓度和压力

64. $Na_2S_2O_8$ 中 S 的氧化数是 (　　)

A. 6　　B.　　7 C. 5　　D. 6.5　　E. 2

65. 根据铬在酸性溶液中的元素电势图,计算 $E^{\ominus}_{(Cr^{2+}/Cr)}$ 为(　　)

$Cr^{3+} \xrightarrow{-0.41V} Cr^{2+} \longrightarrow Cr$ (Cr^{3+} — Cr: −0.74V)

A. −0.580V　　B. −0.905 V　　C. −1.320V　　D. −1.810V　　E. − 0.567V

66. 下列物质均为常见的氧化剂,它们中氧化能力与溶液的酸性无关的为(　　)

A. $KMnO_4$　　B. H_2O_2　　C. $K_2Cr_2O_7$

D. $FeCl_3$　　E. O_2

A. 7　　B. 6　　C. 0

D. 2.5　　E. 3

67. MnO_4^{2-}中 Mn 的氧化数是(　　)

68. $S_4O_6^{2-}$中 S 的氧化数是(　　)

A. Pb^{2+}/Pb　B. Cd^{2+}/Cd　C. Cu^{2+}/Cu　D. H^+/H　E. Ag^+/Ag

69. 已知在标态下,$Cd + Pb^{2+} \rightleftharpoons Pb + Cd^{2+}$ 反应正向自发进行,氧化剂所在的电对是(　　)

70. 上述反应中还原剂所在的电对是(　　)

A. 1　B. −1　C. −2　D. 2　E. 3

71. H_2O_2中氧的氧化数是(　　)

72. H_2O 中氢的氧化数是(　　)

A. Cl^-($E^\theta_{Cl_2/Cl}=1.358V$)　B. Br^-($E^\theta_{Br_2/Br^-}=1.087\ V$)

C. I_2($E^\theta_{I_2/I^-}=0.536V$)　D. F_2($E^\theta_{F_2/F^-}=2.866V$)

E. Ag^+($E^\theta_{Ag^+/Ag}=0.799V$)

73. 上述物质中,氧化性最强的是(　　)

74. 上述物质中,氧化性最弱的是(　　)

A. F^-($E^\theta_{F_2/F^-}=2.866V$)　B. Cl^-($E^\theta_{Cl_2/Cl^-}=1.358V$)

C. Br^-($E^\theta_{Br_2/Br^-}=1.087\ V$)　D. I^-($E^\theta_{I_2/I^-}=0.536V$)

E. Ag^+($E^\theta_{Ag^+/Ag}=0.799V$)

75. 上述物质中,还原性最强的是(　　)

76. 上述物质中,还原性最弱的是(　　)

A. Cr^{3+}　B. $Cr_2O_7^{2-}$　C. Fe^{3+}　D. Fe^{2+}　E. H_2O

反应:$Cr_2O_7^{2-}+6Fe^{2+}+14H^+ \rightleftharpoons 2Cr^{3+}+6Fe^{3+}+7H_2O$ 在标态下正向进行

77. 该反应的氧化剂是(　　)

78. 该反应的氧化剂被还原的产物是(　　)

A. Cr^{3+}　B. $Cr_2O_7^{2-}$　C. Fe^{3+}　D. Fe^{2+}　E. H_2O

反应:$Cr_2O_7^{2-}+6Fe^{2+}+14H^+ \rightleftharpoons 2Cr^{3+}+6Fe^{3+}+7H_2O$ 在标态下正向进行

79. 该反应的还原剂是(　　)

80. 该反应的还原剂被氧化产物是(　　)

二、填空题

1. pH 只对有________参与的电极反应的电极电势影响大。

2. 原电池中,负极上发生的是________反应,在正极发生的反应是________反应;在电池反应中,化学能以________形式释放出来;原电池装置证明了氧化还原反应中物质间有________。

3. 标准电极电势表中所有值都是以相对________电极而言的，其电极电势值规定为________，我们称这种电极为________。
4. 单质的氧化数均为________。
5. 已知 $E^{\ominus}_{S_2O_8^{2-}/SO_4^{2-}} > E^{\ominus}_{MnO_4^-/Mn^{2+}}$，表明________的氧化能力强于________的氧化能力，________能够还原________；还表明________的还原能力强于________，________能够被氧化为________。
6. 多数高价含氧酸根都具有强________能力，这种能力在________性介质中明显强于________介质中。
7. 电极电势主要取决于________，主要影响因素有________，________和________，它们之间的关系可用________表示。
8. Br_2在碱性溶液中不稳定，是因为发生了________反应，这一类反应的特点是________。
9. 一种物质的氧化态氧化性越强，则与它共轭的还原态的还原性就越________。
10. $K_2Cr_2O_7$中 Cr 的氧化数为________。
11. 已知半反应 $Cr_2O_7^- + 14H^+ + 6e \rightleftharpoons 2Cr^{3+} + 7H_2O$，$E^{\ominus} = 1.33V$，在温度为 298K，$[H^+] = 1mol \cdot L^{-1}$条件下，用能斯特方程表示上述半反应的电极电势 E ________
12. 已知电极反应 $O_2 + 4H^+ + 4e \rightleftharpoons 2H_2O$ 中，$E^{\ominus} = 1.229V$，在温度为 298K，$[H^+] = 1mol \cdot L^{-1}$条件下，用能斯特方程表示上述半反应的电极电势 E ________
13. 用 Nernst 方程式计算 Br_2/Br^- 电对的电极电势，Br_2的浓度增大，E_{Br_2/Br^-}________，Br^-的浓度增大，E_{Br_2/Br^-}________。

三、是非题

1. 电极体系中 pH 的改变将使其电极电势值发生改变。( )
2. 一种物质的氧化态氧化性越强，则与它共轭的还原态的还原性也越强。( )
3. 电池标准电动势越大，氧化还原反应推动力越大，由此氧化还原反应进行的程度也越大。( )
4. 电池标准电动势越大，氧化还原反应推动力越大，反应速率也越大。( )
5. $E^{\ominus}$值的大小可以判断在标准状态下电对在水溶液中氧化型物质的氧化能力或还原型物质的还原能力，但 $E^{\ominus}$值的大小与参与电极反映物质的数量无关。( )
6. 电极 $Ag^+(s)/Ag(1.0mol \cdot L^{-1})$与电极 $Ag^+(s)/Ag(2.0mol \cdot L^{-1})$的电极电势相同。( )
7. 氧化还原反应中，一定有元素的氧化数发生了改变。( )
8. KO_2中的 O 的氧化数为 -0.5，K 的氧化数为 $+1$。( )
9. 任何氧化还原反应都可以用离子电子法来配平。( )
10. 已知原电池中两电极的标准电极电势值，就能判断该电池反应的自发进行的方向。( )
11. 标准电极电势和标准平衡常数一样，都与反应方程式的计量系数有关。( )
12. 电对的 $E^{\ominus}$值越高，说明其氧化型的氧化能力越强，还原型的还原能力越弱。( )

13. 若两电对 1 和 2 之间有 $E_1^\ominus > E_2^\ominus$，则电对 2 的氧化型一定能氧化电对 1 的还原型。(　　)
14. 电极反应 $O_2 + 4H^+ + 4e \rightleftharpoons 2H_2O$ 中有 H^+ 参加反应，则电极 $E_{Ox/Red}$ 受溶液酸度的影响。(　　)
15. 元素电势图有酸性介质和碱性介质之分，表明电极在不同的介质中有不同的电极电势值。(　　)
16. 能斯特方程表明浓度对电极电势有着直接影响，改变电对物质的浓度，电对的电极电势或电池的电动势一定发生相应的改变。(　　)
17. 电对 $E^\ominus_{Sn^{2+}/Sn} < E^\ominus_{Pb^{2+}/Pb}$，因此 Pb^{2+} 是可以把 Sn 从 Sn^{2+} 溶液中置换出来的。(　　)
18. 氧化数就是化合价。(　　)
19. 氧化还原反应：$Fe(s) + Ag^+(aq) \rightleftharpoons Fe^{2+}(aq) + Ag(s)$
    原电池符号：$(-)Ag \mid Ag^+(C_1) \parallel Fe^{2+}(C_2) \mid Fe(+)$。(　　)
20. 在标准状态下，已知 $E^\ominus_{Fe^{3+}/Fe^{2+}} = 0.771V$，$E^\ominus_{Sn^{4+}/Sn^{2+}} = 0.151V$，
    则反应 $Fe^{3+} + Sn^{2+} \rightleftharpoons Fe^{2+} + Sn^{4+}$ 逆向进行。(　　)
21. 同一元素有多种氧化态时，不同氧化态组成的电对的标准电极电势不同。(　　)
22. Ag^+ 在 HCl 溶液中不能置换出氢气，在 HI 溶液中却能置换出氢气。(　　)
23. MnO_4^- 离子的氧化能力随溶液 pH 的增大而增大。(　　)
24. 在水中能稳定存在的氧化剂是 $E^\ominus_{O_2/H_2O}$。(　　)
25. 氯电极的电极反应式不论是 $Cl_2 + 2e \rightleftharpoons 2Cl^-$，还是 $1/2Cl_2 + e \rightleftharpoons Cl^-$，$E^\ominus_{Cl_2/Cl^-}$ 的标准电极电势均为 $E^\ominus = +1.358V$。(　　)

四、简答题

1. 影响电极电势高低的因素有哪些？
2. 什么叫氧化还原反应？氧化剂？还原剂？
3. 标准电极电势 $E^\ominus$ 值大小的含义是什么？
4. 何谓氧化数？
5. 已知：$E^\ominus_{Cu^{2+}/Cu} = 0.342V$，$E^\ominus_{Zn^{2+}/Zn} = -0.762V$。(1) 写出标准铜—锌原电池的符号；(2) 指出正负极及正极反应和负极反应；(3) 写出配平的原电池反应。
6. 解释下列名词定义：(1)还原半反应；(2)氧化半反应；(3)还原产物；(4)氧化产物。
7. 氧化数的定义是什么？它与化合价有何异同？
8. 已知下列反应均能正向反应进行

    (1)　$2Fe^{3+} + Cu \rightleftharpoons 2Fe^{2+} + Cu^{2+}$

    (2)　$2Fe^{3+} + Sn^{2+} \rightleftharpoons 2Fe^{2+} + Sn^{4+}$

    (3)　$Cu^{2+} + Sn^{2+} \rightleftharpoons Cu + Sn^{4+}$

    问：在反应条件下，三个反应中氧化剂的相对强弱次序是什么？
9. $E^\ominus_{MnO_2/Mn^{2+}} < E^\ominus_{Pb^{2+}/Pb}$，实验室却用 MnO_2 与浓盐酸反应制取氯气。
10. 已知 $E^\ominus_{I_2/I^-} = 0.536V$，$E^\ominus_{AsO_4^{3-}/AsO_3^{3-}} = 0.580V$，试问：当有关离子浓度均为 $1mol \cdot L^{-1}$ 时，下列反应的方向如何？

11. 用离子－电子法配平下列方程式

$$Cl_2 + I^- = Cl^- + I_2$$

$$MnO_4^- + Fe^{2+} + H^+ = Mn^{2+} + Fe^{3+} + H_2O$$

12. 已知氧化还原反应，$MnO_4^- + 8H^+ + 5e \rightleftharpoons Mn^{2+} + 4H_2O$，写出氧化剂的还原半反应和还原剂的氧化半反应，氧化产物和还原产物？

13. 在电对 Sn^{2+}/Sn 的溶液中，插入一根铜线，在电极和铜线间接上伏特计，指针发生偏转，测量值就是该电极的绝对电极电势。

14. 解释久置 H_2S 的水溶液变混浊并写出反应式。

15. 盐桥的作用是什么？

五、计算题

1. 电极反应：$Cr_2O_7^{2-} + 14H^+ + 6e \rightleftharpoons 2Cr^{3+} + 7H_2O$

   已知：298K：$E^{\ominus}_{Cr_2O_7^{2-}/Cr^{3+}} = 1.232V$ $C_{Cr_2O_7^{2-}} = 1mol \cdot L^{-1}$，pH = 2，$C_{Cr^{3+}} = 1mol \cdot L^{-1}$，求算 $E_{A\,Cr_2O_7^{2-}/Cr^{3+}}$？

2. 已知298k，$E^{\ominus}_{Fe^{3+}/Fe^{2+}} = 0.771V$，电极：Pt (S) | Fe^{3+} (3mol · L^{-1})，Fe^{2+} (0.5mol · L^{-1}) 求：(1) 写出电极反应并确定电子得失数 n；(2) 求算该电极电势值

3. 已知 $E^{\ominus}_{I_2/I^-} = 0.5355V$，$E^{\ominus}_{Fe^{3+}/Fe^{2+}} = 0.771V$，若将反应 $I_2 + 2Fe^{2+} = 2Fe^{3+} + 2I^-$ 组成标准原电池，则 $E^{\ominus}_{池}$ 是多少，在标态下反应的自发方向？

4. 已知：$Cr_2O_7^{2-} + 6Fe^{2+} + 14H^+ \rightleftharpoons 2Cr^{3+} + 6Fe^{3+} + 7H_2O$ ($E^{(A}_{Cr_2O_7^{2-}/Cr^{3+}} = 1.232V$；$E^{\ominus}_{Fe^{3+}/Fe^{2+}} = 0.771V$) 求：(1) 反应中转移的电子数 n。(2) 计算标准电池电动势 $E^{\ominus}_{池}$，并判断反应进行的方向？(3) 求反应在298K 时的标准平衡常数 $K^{\ominus}$，并判断反应进行的趋势如何？

5. 已知298K：$E_{A\ominus\,MnO_4^-/Mn^{2+}} = 1.507V$，电极反应：$MnO_4^- + 8H^+ + 5e \rightleftharpoons Mn^{2+} + 4H_2O$，其中 $[MnO_4^-] = [Mn^{2+}] = 1mol \cdot L^{-1}$，求算：该电极在298K 时在 pH = 2 的溶液中的电极电势 E 值？

6. 已知反应 $Cl_2 + 2Br^- \rightleftharpoons 2Cl^- + Br_2$ (已知：$E^{\ominus}_{Cl_2/Cl^-} = 1.358$ V，$E^{\ominus}_{Br_2/Br^-} = 1.087V$) 求：(1)写出氧化剂，还原剂，氧化产物和还原产物。(2)氧化半反应和还原半反应。(3)反应中转移的电子数 n。(4)求出标准电动势 $E^{\ominus}_{池}$（如该反应能组成原池）。(5)计算反应在298K 的标准平衡常数 $K^{\ominus}$，并判断反应进行的趋势如何？

7. 已知：$E^{\ominus}_{Ce^{4+}/Ce^{3+}} = 1.72V$，$E^{\ominus}_{Fe^{3+}/Fe^{2+}} = 0.771V$，求：(1) 写出有这两个电对组成的标准原电池的符号。(2) 指出正、负极及正极反应和负极反应。(3) 写出配平的原电池反应。

8. 计算25℃时，下列电池的电动势，并写出电极反应和电池反应。

   (－) Cd | Cd^{2+} (1.0mol · L^{-1}) ‖ Sn^{2+} (0.01mol · L^{-1})，Sn^{4+} (0.1mol · L^{-1}) | pt(+)

   ($E^{\ominus}_{Sn^{4+}/Sn^{2+}} = 0.151V$ $E^{\ominus}_{Cd^{2+}/Cd} = -0.403V$)

9. 已知 $E^{\ominus}_{Sn^{4+}/Sn^{2+}} = 0.151V$，$E^{\ominus}_{Hg^{2+}/Hg} = 0.851V$，若将反应 $Hg^{2+} + Sn^{2+} \rightleftharpoons Hg + Sn^{4+}$ 组成标准原电池，则 $E^{\ominus}_{池}$ 是多少？在标态下反应的自发方向？

参考答案

一、选择题

1. A	2. C	3. D	4. B	5. E	6. B	7. A	8. B	9. C	10. B
11. A	12. B	13. C	14. C	15. D	16. D	17. B	18. D	19. A	20. C
21. B	22. A	23. A	24. C	25. B	26. C	27. C	28. E	29. E	30. C
31. D	32. E	33. E	34. D	35. D	36. C	37. D	38. B	39. C	40. C
41. C	42. C	43. D	44. B	45. B	46. D	47. A	48. B	49. E	50. D
51. E	52. D	53. E	54. B	55. E	56. B	57. D	58. B	59. C	60. A
61. B	62. A	63. E	64. B	65. B	66. D	67. B	68. D	69. A	70. B
71. B	72. A	73. D	74. C	75. D	76. A	77. B	78. A	79. D	80. C

二、填空题

1. H^+或OH^- 2. 氧化,还原,电能,电子转移（或偏移） 3. 标准氢电极,零,参比电极 4. 零 5. $S_2O_8^{2-}$,MnO_4^-,Mn^{2+},$S_2O_8^{2-}$；Mn^{2+},SO_4^{2-},Mn^{2+},MnO_4^- 6. 氧化,酸性,碱性 7. 电极本性,温度(或 T) ,浓度(或 C),压力(或 P),能斯特方程 8. 歧化反应,氧化剂和还原剂为同一物质（或只有一种元素的氧化数发生变化） 9. 弱 10. +6 11. $E_{Cr_2O_7^{2-}/Cr^{3+}} = E_{Cr_2O_7^{2-}} + \frac{0.059}{6}\lg\frac{C_{Cr_2O_7{}^{2-}}}{C^2_{Cr^{3+}}}$ 12. $E_{O_2/H_2O} = E^{\ominus}_{O_2/H_2O} + \frac{0.059}{4}\lg\frac{PO_2 \times [H^+]^4}{1}$ 13. 增大，减小

三、是非题

1. ×	2. ×	3. √	4. ×	5. √	6. ×	7. √	8. √	9. √	10. √
11. ×	12. √	13. ×	14. √	15. √	16. ×	17. √	18. ×	19. ×	20. ×
21. √	22. √	23. √	24. √	25. √					

四、简答题

1. 答:影响电极电势高低的因素主要有:①内因:与电极本性(即电极材料)有关;②外因:a. 与温度有关;b. 与电极中氧化态物质及还原态物质在溶液中的浓度(严格说是少活度)有关;c. 与参与电极反应的氢离子浓度或氢氧根离子浓度有关。d. 若有氯气参与反应,氯气的分压对电极电势也有影响。

2. 答:(1) 氧化还原反应的定义:由于电子得失或电子对偏移致使单质或化合物中元素的氧化数发生改变的反应称为氧化还原反应。或者:元素的氧化数发生了变化的化学反应叫氧化还原反应。

   (2) 氧化剂的定义:反应中得到电子的物质叫氧化剂。

   (3) 还原剂的定义:反应中失去电子的物质叫还原剂。

3. 答:$E^{\ominus}$值越大,表明电对中氧化型物质获得电子被还原的倾向越大,是强的氧化剂;其共轭的还原型物质失去电子而被氧化的倾向越弱,是越弱的还原剂。

E°值越小,表明电对中还原型物质给出电子的倾向越大,是强的还原剂,其共轭的氧化型物质获得电子的倾向越小,是越弱的氧化剂。

4. 答:氧化数是某元素一个原子的荷电数,这种荷电数是假设把每个键中的电子指定给电负性较大的原子而求得,用罗马数字表示。可以是分数,正整数和负数。

5. 答:(1) $(-)Zn(s)|Zn^{2+}(1mol \cdot L^{-1}) \| Cu^{2+}(1mol \cdot L^{-1})|Cu(s)(+)$。

(2) 正极是:Cu^{2+}/Cu:发生还原半反应:$Cu^{2+}+2e \rightleftharpoons Cu$。

负极是:Zn^{2+}/Zn:发生氧化半反应:$Zn+2e \rightleftharpoons Zn^{2+}$。

(3) 原电池反应:$Cu^{2+}+Zn = Cu+Zn^{2+}$。

6. 答:氧化剂得电子的半反应叫还原半反应;氧化剂得电子后的产物叫还原产物。还原剂失电子的半反应叫氧化半反应;还原剂失电子后的产物叫氧化产物。

7. 答:错。数值上相等,意义上不一样。化合价反映的是元素形成化学键的能力,氧化数是一个元素的表观电荷数。

8. 答:根据三个反应均能正向进行,故电极电势 E 的相对大小:

$$E_{Fe^{3+}/Fe^{2+}} > E_{Cu^{2+}/Cu}, E_{Fe^{3+}/Fe^{2+}} > E_{Sn^{4+}/Sn^{2+}}, E_{Cu^{2+}/Cu} > E_{Sn^{4+}/Sn^{2+}}$$

由此可得上述三个电对之间 E 值相对大小关系:

$$E_{Fe^{3+}/Fe^{2+}} > E_{Cu^{2+}/Cu} > E_{Sn^{4+}/Sn^{2+}}$$

故三个反应中氧化剂相对强弱次序为:$Fe^{3+} > Cu^{2+} > Sn^{4+}$

9. 答:所用盐酸是浓盐酸,H^{+}浓度增大,可改变两电对的电极电势,使电极电势的大小发生逆转,故反应能进行。参阅教材中"溶液酸度对电极电势的影响"。

10. 答:$E^{\circ}_{AsO_4^{3-}/AsO_3^{3-}} = 0.580V > E^{\circ}_{I_2/I^-} = 0.536V$,反应正向进行。

11. 答:

$$Cl_2 + 2I^- = 2Cl^- + I_2$$

$$MnO_4^- + 5Fe^{2+} + 8H^+ = Mn^{2+} + 5Fe^{3+} + 4H_2O$$

12. 答:氧化剂是 MnO_4^-,还原剂是 Fe^{2+}

氧化半反应: $Fe^{2+} - e \rightleftharpoons Fe^{3+}$

还原半反应: $MnO_4^- + 5e + 8H^+ \rightleftharpoons Mn^{2+} + 4H_2O$

氧化产物:Fe^{3+}

还原产物:Mn^{2+}

13. 答:错。插入溶液中的铜线,也是一个电极,测量值是电对 $E_{Sn^{4+}/Sn^{2+}}$ 和 $E_{Cu^{2+}/Cu}$ 组成的电池的电动势。

14. 答:溶液中溶解了空气中的氧,将 S^{2-} 氧化成为 S 单质析出而混浊 。

反应式: $H_2S + O_2 + 2H^+ = S + 2H_2O$

15. 答:在电场作用下,盐桥中高浓度的 Cl^- 向 $ZuSO_4$ 溶液移动,中和了溶液中多余的正离子,K^+ 则向 $CuSO_4$ 溶液移动,补充溶液中继续从锌极流向铜极,氧化还原过程得以继续进行。

五、计算题

1. 解:$T=298K$,$Cr_2O_7^{2-} + 14H^+ + 6e \rightleftharpoons 2Cr^{3+} + 7H_2O$ $pH=2$,$C_{H^+} = 0.01mol \cdot L^{-1}$

(1) 用能斯特方程: $E = E^{\ominus} + \frac{0.059}{n}\lg \frac{C_{OX}^{a}}{C_{Red}^{b}}$

(2) $E_{Cr_2O_7^{2-}/Cr^{3+}} = E^{\ominus}_{Cr_2O_7^{2-}/Cr^{3+}} + \frac{0.059}{6}\lg \frac{C_{Cr_2O_7^{2-}}C_{H^+}^{14}}{C^2_{Cr^{3+}}}$

(3) $= 1.232 + \frac{0.059}{6}\lg \frac{1 \times (0.01)^{14}}{1^2} = 1.232 - 0.275 = 0.957(V)$

2. 解:(1)电极反应: $Fe^{3+} + e \rightleftharpoons Fe^{2+}$

$n = 1$

(2) $E = E^{\ominus}_{Fe^{3+}/Fe^{2+}} + 0.059/n \lg \frac{C_{Fe^{3+}}}{C_{Fe^{2+}}} = 0.771 + \frac{0.059}{2}\lg \frac{3}{0.5}$

$= 0.771 + 0.7782 \times 0.059 = 0.771 + 0.04607 = 0.817(V)$

3. 解:(1) 根据题意:I_2/I^-作正极,Fe^{3+}/Fe^{2+}作负极

$E^{\ominus}_{池} = E^{\ominus}_{正} - E^{\ominus}_{负} = E^{\ominus}_{I_2/I^-} - E^{\ominus}_{Fe^{3+}/Fe^{2+}}$

$= 0.536 - 0.771 = -0.235(V)$

(2) 由于 $E^{\ominus}_{池} < 0$,故题中反应正方向非自发,而是逆方向自发进行。

4. 解:(1) 因为 $E^{\ominus}_{池} = E^{\ominus}_{(+)} - E^{\ominus}_{(-)}$

所以 $E^{\ominus}_{池} = 1.232V - 0.771V = 0 - 0.461V$

(2) 通过计算得知,$E^{\ominus}_{池} > 0$ 所以 该反应向右自发进行

(3) $\lg K^{\ominus} = \frac{nE^{\ominus}_{池}}{0.059} = \frac{6 \times 0.461}{0.059} = 46.88$

$K^{\ominus} = 7.6 \times 10^{46}$

$K^{\ominus} > 10^6$该反应向右进行的趋势很大(或程度很大)。

5. 解:(1) $n = 5$

(2) $pH = 2, [H^+] = 10^{-2} mol \cdot L^{-1}$

(3) $E_{A\,MnO_4^-/Mn^{2+}} = E_{A\,MnO_4^-/Mn^{2+}} + \frac{0.0596}{5}\lg \frac{C_{MnO_4^-} \times [C_{H^+}]^8}{C_{Mn^{2+}}}$

$= 1.507 + \frac{0.0596}{5}\lg(1 \times [10^{-2}])^8$

$= 1.507 - 16 \times \frac{0.0596}{5} = 1.507 - 0.1894 = 1.318(V)$

6. 解:(1) Cl_2, Br^-, Br_2, Cl^-

(2) $n = 2$

(3)还原半反应: $Cl_2 + 2e \rightleftharpoons 2Cl^-$ 作正极

氧化半反应: $2Br^- - 2e \rightleftharpoons Br_2$作负极

(4) $E^{\ominus}_{池} = E^{\ominus}_{(+)} - E^{\ominus}_{(-)} E^{\ominus}_{Cl_2/Cl^-} - E^{\ominus}_{Br_2/Br^-}$

$= 1.358 - 1.087 = 0.271(V)$

(5) 298K 时,$\lg K^{\ominus} = nE^{\ominus}_{池}/0.059 = 2 \times 0.271/0.059 = 9.19$

$K^{\ominus} = 1.54 \times 10^9 > 10^6$该反应向右进行的趋势很大(或程度很大)。

7. 解:电极反应:$Cd \rightleftharpoons Cd^{2+} + 2e$ $Sn^{4+} + 2e \rightleftharpoons Sn^{2+}$

电池反应:$Sn^{4+} + Cd \rightleftharpoons Cd^{2+} + Sn^{2+}$

$$E_{池} = E^{\ominus}_{池} - \frac{0.059}{2}\lg\frac{[Cd^{2+}][Sn^{2+}]}{[Sn^{4+}]} = 0.151 + 0.403 - \frac{0.059}{2}\lg\frac{1.0\times 0.01}{0.1} = 0.583V$$

8. 解:(1) (−)Pt(s)|Fe^{3+}(1mol · L^{-1})Fe^{2+}(1mol · L^{-1}) ‖ Ce^{3+}(1mol · L^{-1}),

Ce^{4+}(1mol · L^{-1})|Pt (s)(+)

(2) 正极:Ce^{4+}/Ce^{3+}:发生还原半反应:$Ce^{4+} + e \rightleftharpoons Ce^{3+}$

(3)负极:Fe^{3+}/Fe^{2+}:发生氧化半反应:$Fe^{2+} - e \rightleftharpoons Fe^{3+}$

原电池反应:$Ce^{4+} + Fe^{2+} = Ce^{3+} + Fe^{3+}$

9. 解:(1) 根据题意,Hg^{2+}/Hg 作正极,Sn^{4+}/Sn^{2+} 作负极

$E^{\ominus}_{池} = E^{\ominus}_{(+)} - E^{\ominus}_{(-)} = 0.851 - 0.151 = 0.700(V)$

(2) 由于 $E^{\ominus}_{池} > 0$,故题中反应可正方向自发进行。

(姚 军)

第6章 原子结构

基本要求

1. 掌握四个量子数的表示符号、物理意义、取值范围、光谱学符号和合理取值及应用。
2. 掌握多电子原子轨道能级,能级交错现象,能级组。
3. 掌握多电子原子核外电子排布(三原则)和常见元素的电子排布。
4. 掌握原子的电离能和元素的电负性。
5. 熟悉氢原子的量子力学模型。
6. 熟悉波函数和原子轨道的概念和符号。
7. 熟悉波函数的有关图形表示——波函数的角度分布图。
8. 熟悉几率密度和电子云的概念和应用。
9. 熟悉电子云的角度分布图和径向分布示意图。
10. 熟悉屏蔽效应与钻穿效应的概念。
11. 熟悉电子层结构和元素周期表。
12. 了解玻尔的氢原子模型。
13. 了解原子半径、原子的电子亲合能。

学习要点

一、微观粒子运动的特征

微观粒子的运动规律不能用经典力学来描述,只能用量子力学来描述。氢原子光谱是最简单的原子光谱,氢原子光谱的不连续性是微观粒子运动属性的表现。Bohr 理论借助于能量量子化和光子学说假设,在经典力学基础上解决了氢原子光谱的部分结构,但 Bohr 理论由于没有脱离经典力学体系,因而不能解决氢原子光谱的精细结构及多电子原子的光谱结构。

光的波粒二象性通过普通的自然现象可以验证,微观粒子的波粒二象性在 1927 年戴维和革默的电子衍射实验中得到了验证。即质量为 m,运动速率为 V 的实物粒子也具有波动性,这种波称为德布罗依波或物质波。物质波与经典物理学中的波具有本质差异,经典物理学上的波由介质组成,但物质波是一种几率波。测不准原理是微观粒子波粒二象性的必然结果,但微观粒子测不准关系的存在并不是说微观粒子运动的不可知性,只是反映微观粒子不服从经典力学规律,而遵循量子力学所描述的运动规律。总之,具有波粒二象性、某些物理量的量子化、服从测不准原理以及波动性是粒子性的具体体现,只能用统计学的方法解释是微观粒子运动的基本特征。

二、氢原子核外电子运动状态的描述

描述微观粒子运动状态的基本方程是 Schrodinger 方程,它是一个二阶偏微分方程,为了能够求解 Schrodinger 方程,应将直角坐标

$$\frac{\partial^2 \Psi}{\partial x^2}+\frac{\partial^2 \Psi}{\partial y^2}+\frac{\partial^2 \Psi}{\partial z^2}+\frac{8\pi^2 m}{h^2}(E-\nu)\Psi=0$$

$(\Psi x,y,z)$转化为球坐标(r,θ,φ)。Ψ 是 Schrodinger 的解,该解是函数解。Schrodinger 方程在理论上有无数个解,且每个解与一套 n,l,m 三个量子数相对应,因而有

$\Psi_{n,l,m}(x,y,z)=\Psi_{n,l,m}(r,\theta,\varphi)$

$\Psi(r,\theta,\varphi)$可以分成两个函数的乘积

$\Psi_{(n,l,m)}(r,\theta,\varphi)=R_{n,l}(r)\cdot Y_{l,m}(\theta,\varphi)$

$R_{n,l}(r)$称为径向波函数,只与 n,l 有关,$Y_{l,m}(\theta,\varphi)$称为角度波函数,只与 l,m 有关。

波函数 Ψ 是描述核外电子运动状态的函数,又称原子轨道,但我们应该注意 Bohr 理论的原子轨道与量子力学中的原子轨道有本质的区别。波函教的物理意义至今仍不明确,但微观粒子的所有性质必在波函数 Ψ 予以反映。

三、四个量子数

主量子数 n,角量子数 l,磁量子数 m 三个量子数是求解 Schrodinger 方程时所得,n,l,m 仍都有明确的物理意义。波函数 Ψ 与 n,l,m 之间存在一一对应,因而可以用一套 n,l,m 描述一个波函数 Ψ,即可用一套 n,l,m 描述一个原子轨道。n,l,m 的取值为:n 只能取正整数;l 的取值受 n 的限制,给出 n,l 取 $1,2,\cdots,(n-1)$;m 的取值受 l 的限制,给出 $1,m$ 取 $0,\pm1,\pm2,\cdots,\pm1$。m_s是描述原子轨道中电子的自旋方向的量子数,原子或离子中电子的自旋方向只有两种,即 $m_s=+1/2$ 或 $-1/2$,用↑或↓的箭头表示,因而描述一个原子轨道要用三个量子数,描述一个电子的运动要用四个量子数。

每个波函数(原子轨道)都具有一定的能量。氢原子或类氢离子中原子轨道的能量仅与 n 有关,多电子原子中原子轨道的能量与 n,l 有关。

多电子量子力学中,将能量相同的轨道称为简并轨道或等价轨道。因而,在氢原子中,n 相同的原子轨道称为简单轨道,多电子原子中,n,l 相同的原子轨道称为简并轨道。

四、原子轨道的角度分布图和径向分布函数图

波函数 Ψ 是四维空间函数,即 $\Psi=\Psi(r,\theta,\varphi)$,在三维空间$(x,y,z)$或$(r,\theta,\varphi)$中无法画出它们的空间图像,但我们可以从不同的侧面(角度或径向)画得原子轨道和电子云的图像。角度分布图用于化学键的形成和分子构型的确定,径向分布函数图用于讨论多电子原子核外能级的高低及核外电子构型。

1. 原子轨道的角度分布图,即 $Y(\theta,\varphi)$-(θ,φ)作图,表示在某个方向(θ,φ)从曲面上

任一点到原子核的距离 $Y(\theta,\varphi)$ 数值的相对大小。

2. 电子云的角度分布图，即 $Y^2(\theta,\varphi)-(\theta,\varphi)$ 作图，表示在某个方向 (θ,φ) 从曲面上任一点到原子核的距离 $Y^2(\theta,\varphi)$ 数值的相对大小，也可将其理解为在这个角度方向上电子的几率密度的相对大小。因 $Y(\theta,\varphi)$ 与主量子数 n 无关，只要角量子数 l 和磁量子数 m 相同，其原子轨道的角度分布图、电子云的角度分布图就分别相同，如 2pz，3pz，4pz 的原子轨道角度分布图、电子云的角度分布图分别相同。

比较原子轨道的角度分布图和电子云的角度分布图，它们有些相似，但有两点重要区别：①原子轨道的角度分布图有正、负号之分，而电子云的角度分布图无正、负之分；②电子云的角度分布图比原子轨道的角度分布图要“瘦”一些。

3. 径向分布函数图，$r^2R^2(r)-r$ 作图，$r^2R^2(\mathrm{r})=D(r)$ 称为径向分布函数。径向分布函数图的物理意义是：$D(\mathrm{r})\mathrm{d}r$ 代表在半径为 r 的球壳层 $\mathrm{d}r$ 内电子出现的几率，$D(\mathrm{r})$ 代表在半径为 r，$\mathrm{d}r=1$ 的单位球壳层内电子出现的几率。

4. 电子云图

(1) 几率密度($|\Psi|^2$)：其代表电子在空间单位体积中出现的几率。即电子在空间出现的几率密度(概率密度)。

(2) 电子云：通常用小黑点的疏密程度来表示 $|\Psi|^2$ 在空间的分布，形象的称为电子云。$|\Psi|^2$ 大的地方，小黑点的密度大；$|\Psi|^2$ 小的地方，小黑点的密度小，好像带负电荷的电子云，故称电子云图。

五、多电子原子核外原子轨道的能量

氢原子核外只有一个电子，原子的基态和激发态的能量取决于主量子数 n，与角量子数 l 无关。在多电子原子中，由于每个电子除了受到核的吸引外，还要受到其余电子的排斥，使主量子数 n 相同的原子轨道的能量产生能级分裂，多电子原子轨道的能量与 n，l 有关。

1. 屏蔽效应　多电子原子中，某一电子受到其余电子排斥作用的结果，与原子核对该电子的吸引作用正好相反。因而，可以认为，其余电子削弱或屏蔽了原子核对该电子的吸引作用。这种将其余电子对某个电子的排斥作用，归结为抵消一部分核电荷的作用，称为屏蔽效应。屏蔽作用使电子或轨道的能量升高。

2. 钻穿效应　从量子力学的观点来看，电子可以出现在原子内任何位置上，因此，最外层电子也可能出现在核附近。这就是说外层电子可钻入核附近而能回避其余电子的屏蔽，起到了增加有效核电荷、降低轨道能量的作用，我们称这种现象为钻穿效应。钻穿效应可以产生能级交错现象，如 ns 与 $(n-1)$d 轨道的能级交错，ns 与 $(n-2)$f 轨道的能级交错。

3. 多电子原子核外能级(综合屏蔽效应和钻穿效应考虑)

(1) n 不同，l 相同时，n 越大，轨道能量越高。

(2) n 相同，l 不同时，l 越大，轨道能量越高。

(3) 能级交错：$E_{ns}<E_{(n-1)\mathrm{d}}$，$E_{ns}<E_{(n-2)\mathrm{f}}$ 等。

4. 核外电子排布三原则　据光谱学实验及量子力学原理，可以总结出核外电子排布应遵循的三个原则：能量最低原理，保利不相容原理，洪特规则。洪特规则是能量最低原理的补充。

六、原子的电子构型与元素周期表

Pauling 教授和徐光宪教授根据光谱学数据总结出：由$(n+0.7l)$的大小，判断轨道能量的高低，因此我们可以得到多电子原子中不同轨道的能级图，并且$(n+0.7l)$整数部分相近的归一个能级组(表 6-1)。

表 6-1 各周期中元素的数目与能级组的关系

周期	能级组数目	最高能级组	元素数目
一	1	1s	2
二	2	2s 2p	8
三	3	3s 3p	8
四	4	4s 3d 4p	18
五	5	5s 4d 5p	18
六	6	6s 4f 5d 6p	12
七	7	7s 5f 6d 7p	尚未布满

分析原子的电子结构和元素周期表的关系，可得到如下结论。

(1) 每一个 Pauling 能级组对应于一个周期。

(2) 每一周期开始都出现一个新的电子层，因此元素原子的电子层数等于该元素在周期表所处的周期数，也就是说，原子的最外层的主量子数代表该元素所在的周期数。

(3) 各周期中元素的数目等于对应能级组中原子轨道所能容纳的电子数。

(4) 周期表中性质相似的元素排成纵行，称为族，共有 8 个主族(Ⅰ~Ⅶ族，零族)。每一族又分为主族(A)和副族(B)。由于第ⅧB 族包括三个纵行，所共有 18 个纵行。周期表中同一族元素的电子层数虽然不同，但它们的外层电子构型相同。对主族来说，族数等于最外层电子数。对副族而言，$Ⅰ_B$，$Ⅱ_B$族数次外层 d 电子数，$Ⅲ_B$ ~ $Ⅶ_B$族数等于最外层电子数与次外层 d 电子数之和，而ⅧB 族是例外情况。

主族元素的价层电子构型为 $ns^{1\sim2}np^{0\sim6}$。

副族元素的价层电子构型为 $ns^{1\sim2}(n-2)f^{0\sim14}(n-1)d^{0\sim10}np^{0}$。

(5) 元素周期表分区，共分为 s 区，p 区，d 区，ds 区，f 区。

七、元素性质的周期性

元素性质的周期性是由原子中电子结构的周期性所决定。

1. 原子半径(r)　由于电子云没有明显界面，因此原子大小的概念很难明确表示，但可以用原子半径这一物理量来描述。基于不同的假设可以得到不同类型的原子半径：某一元素的两原子以共价单键结合时，它们的核间距的一半称为共价半径。假设金属晶体中相邻两原子以球面相切，它们的核间距的一半为金属半径。在单质的分子晶体中，不同分子中两原子间最短距离的一半称范德华半径。原子半径与原子的电子构型有关。

2. 电离能(I)　电离能的大小反映原子失去电子的难易程度。电离能的大小主要取决于原子的有效核电荷、原子半径和原子的电子层结构。

同一周期,从左到右,元素的电离能逐渐增大,稀有气体由于具有稳定的电子层结构,在同一周期的元素中电离能最大。同一周期中,从左到右电离能总的趋势是增大的,但也有起伏,这一现象可用 Hunt 规律的稳定结构解释。

同一主族,从上而下,电离能逐渐减小。

3. 电子亲合能(A) 电子亲合能的大小反映原子得到电子的难易程度。

同周期元素,从左到右,元素的电子亲合能逐渐减小(代数值),但有时稍有起伏,这与元素的稳定电子层结构有关,稀有气体原子具有 ns^2np^6 的稳定电子层结构,不易接受电子,因而元素的电子亲合能为正值。同一主族中,从上而下,一般元素的电子亲和能逐渐增大。

4. 电负性(X) 电负性的大小可以衡量分子中原子吸引电子的能力。元素的电负性是一相对数值。一般而言,元素的电负性越大,表示原子在分子中吸引电子的能力越强。同一周期,从左到右,元素的电负性逐渐增大。同一族中,从上而下,元素的电负性逐渐减小。

强 化 训 练

一、选择题

1. 在周期表中,氡($_{86}Rn$)下面一个未发现的同族元素的原子序数应该是( )

A. 150 B. 136 C. 118 D. 109 E. 110

2. 具有 $1s^22s^22p^63s^23p^1$ 电子层结构的原子是( )

A. Mg B. Na C. Cr D. Al E. C

3. 在多电子原子中,决定电子能量的量子数为 ( )

A. n B. n,l C. n,l,m D. l E. l,m

4. 下列元素的电负性大小顺序为 ( )

A. O > F > N > C B. F > O > N > C C. N > C > O > F

D. C > O > F > N E. N > F > O > C

5. 下列各组量子数, 正确的是( )

A. $n=4,\ l=3,\ m=+3, m_s=\pm1/2$ B. $n=4,\ l=5,\ m=+3, m_s=\pm1/2$

C. $n=3,\ l=0,\ m=+1, m_s=\pm1/2$ D. $n=2,\ l=2,\ m=-1, m_s=\pm1/2$

E. $n=4,\ l=4,\ m=+3, m_s=\pm1/2$

6. $|\Psi|^2$用来描述( )

A. 核外电子在空间出现的几率 B. 核外电子在空间出现的几率密度

C. 核外电子的波动性 D. 核外电子的能级

E. 核外电子的微粒性

7. 函数 Ψ 用来描述( )

A. 电子的运动轨迹 B. 电子在空间的运动状态的函数

C. 电子的运动速度　　D. 电子出现的几率密度

E. 电子的波粒二象性

8. 在以下五种元素的基态原子中,价电子构型正确的是(　　)

A. $_{7}N$　$1s^22s^22p^3$　　B. $_{6}C$　$1s^22s^22p^2$　　C. $_{8}O$　$1s^22s^22p^4$

D. $_{25}Mn$　$3d^54s^2$　　E. $_{26}Fe$　$3d^74s^2$

9. 基态原子 Na($Z=11$)最外层有一个电子,描述这个电子运动状态的四个量子数为(　　)

A. $n=3$, $l=1$, $m=0$, $m_s=+1/2$ 或 $-1/2$

B. $n=3$, $l=1$, $m=+1$, $m_s=+1/2$ 或 $-1/2$

C. $n=3$, $l=0$, $m=0$, $m_s=+1/2$ 或 $-1/2$

D. $n=3$, $l=1$, $m=-1$, $m_s=+1/2$ 或 $-1/2$

E. $n=3$, $l=0$, $m=1$, $m_s=+1/2$ 或 $-1/2$

10. 电子排布为 Ar　$3d^54s^0$者,可以表示下列那种离子的构型(　　)

A. Mn^{2+}($Z_{Mn}=25$)　　B. Fe^{2+}($Z_{Fe}=26$)　　C. Co^{3+}($Z_{Co}=27$)

D. Ni^{2+}($Z_{Ni}=28$)　　E. Cr^{3+}($Z_{Cr}=24$)

11. 以下五种元素的基态原子电子排布中,正确的是(　　)

A. $_{13}Al$　$1s^22s^22p^63s^3$　　B. $_{6}C$　$1s^22s^22p_x^22p_y^02p_z^0$　　C. $_{4}Be$　$1s^22p^2$

D. $_{24}Cr$　$1s^22s^22p^63s^23p^63d^44s^2$　　E. $_{26}Fe$　$1s^22s^22p^63s^23p^63d^64s^2$

12. 基态$_{29}$Cu 原子的电子排布式及价电子构型均正确的是(　　)

A. Ar　$3d^94s^2$,$3d^94s^2$　　B. Ar　$3s^23d^{10}$,$3s^23d^{10}$　　C. Ar　$3s^23d^9$,$3s^23d^9$

D. Ar　$3d^{10}4s^1$,$3d^{10}4s^1$　　E. Ar　$3s^13d^{10}$,$3s^13d^{10}$

13. 下列关于屏蔽效应的说法中错误的是(　　)

A. 屏蔽效应存在于多电子原子中　　B. 同层电子间屏蔽作用较小

C. 内层电子对外层电子的屏蔽作用大　　D. 外层电子对内层电子的屏蔽作用大

E. 屏蔽效应使被屏蔽电子的能级升高

14. 对于基态原子中的电子来说,下列组合的量子数中不可能存在的是(　　)

A. $n=3$, $l=1$, $m=+1$, $m_s=-1/2$

B. $n=2$, $l=1$, $m=-1$, $m_s=+1/2$

C. $n=3$, $l=3$, $m=0$, $m_s=+1/2$

D. $n=4$, $l=3$, $m=-3$, $m_s=-1/2$

E. $n=3$, $l=2$ $m=+1$, $m_s=-1/2$

15. 基态$_{35}$Br 原子的电子层结构、价电子构型均正确的是(　　)

A. Ar　$3d^{12}4s^24p^3$,$3d^{12}4s^24p^3$　　B. Ar　$3d^94s^24p^6$,$3d^94s^24p^6$

C. Ar　$3d^{10}4s^34p^4$,$3d^{10}4s^34p^4$　　D. Ar　$3d^{10}4s^24p^5$,$4s^24p^5$

E. Ar　$3d^{10}4s^34p^5$,$3d^{10}4s^34p^5$

16. 基态$_{24}$Cr 原子的电子排布式、在周期表中的位置均正确的是(　　)

A. Ar　$3d^54s^1$,d 区　　B. Ar　$3d^44s^2$, d 区　　C. Ar　$3d^54s^1$, ds 区

D. Ar $3s^23p^63d^{10}$, ds 区　　E. Ar $3d^64s^2$, ds 区

17. 下列哪一系列的排列顺序正好是电负性逐减减小的(　　)

A. K Na Li　　B. F O Cl　　C. B C N

D. O F N　　E. C K N

18. 径向分布函数图表示(r 表示电子离核的距离)(　　)

A. 核外电子出现的几率密度与 r 的关系　　B. 核外电子出现的几率与 r 的关系

C. 核外电子的波粒二象性与 r 的关系　　D. 核外电子的速度与 r 的关系

E. 核外电子的质量与 r 的关系

19. 量子力学中所说的原子轨道是指(　　)

A. 波函数 Ψ　　B. 波函数 Ψ 绝对值的平方　　C. 电子云

D. 电子的运动轨迹　　E. 原子的运动轨迹

20. 下列价电子构型中,p 轨道属于半充满的是(　　)

A. ns^2np^3　　B. ns^2np^5　　C. ns^2np^2　　D. ns^2np^1　　E. ns^2np^4

21. 下列说法中错误的是(　　)

A. $|\Psi|^2$表示电子的几率

B. $|\Psi|^2$表示电子出现的几率密度

C. $|\Psi|^2$在空间分布的具体图像即为电子云

D. $|\Psi|^2$的值是 <1 的正数

E. $|\Psi|^2$的值小于对应的值

22. 下列各组量子数(n,l,m)不可能存在的是(　　)

A. 3,2,0　　B. 3,2,2　　C. 3,1,1　　D. 3,3,1　　E. 3,0,0

23. 提出多电子原子外层电子的能量随($n + 0.7l$)值的增大而增大的科学家是(　　)

A. 德布罗依　　B. 徐光宪　　C. 薛定谔　　D. 玻尔　　E. 爱因斯

24. 量子力学的一个原子轨道(　　)

A. 与波尔理论中的原子轨道等同

B. 指 n 具有一定数值时的一个波函数

C. 指 n,l,具有一定数值时的一个波函数

D. 指 n,l,m 三个量子数具有一定数值时的一个波函数

E. 指 n,m 具有一定数值时的一个波函数

25. 当 $n=3$ 时,l 取值范围正确的是(　　)

A. 2,1,0　　B. 4,3,2　　C. 3,2,1　　D. 1,0,−1　　E. 2,0,−1

26. 下列描述核外电子运动状态的各组量子数中,可能存在的是(　　)

A. 3,0,1, +1/2　　B. 3,2,2, +1/2　　C. 2,−1,0, −1/2

D. 2,0,−2, +1/2　　E. 3,3,2, +1/2

27. 原子轨道角度分布图中,从原点到曲面的距离表示(　　)

A. Ψ 值的大小　　B. Y 值的大小　　C. r 的大小

D. $4\pi r^2dr$ 值的大小　　E. πr^2dr 值的大小

28. 3d 电子的径向分布函数图有(　　)

A. 1 个峰　B. 2 个峰　C. 3 个峰
D. 4 个峰　E. 5 个峰

29. 下列各组元素的第一电离能按递增的顺序正确的是(　　)
A. Na Mg Al　B. C B N　C. Si P As
D. He Ne Ar　E. B C N

30. 某元素基态原子失去 3 个电子后,角量子数为 2 的轨道半充满,该元素原子序数(　　)
A. 24　B. 25　C. 26　D. 27　E. 28

31. 在多电子原子中,具有下列各组量子数的电子中能量最高的是(　　)
A. 3,2, +1, +1/2　B. 2,1, +1, -1/2　C. 3,1,0, -1/2
D. 3,1, -1, +1/2　E. 3,1, -1, +1/2

32. 下列基态原子的价电子构型中,正确的是(　　)
A. $3d^94s^2$　B. $3d^44s^2$　C. $3d^64s^1$　D. 4d $5s^2$　E. $3d^64s^2$

33. 如果一个原子的主量子数是 3,则它(　　)
A. 只有 s 电子和 p 电子　B. 只有 s 电子　C. 有 s,p 电子和 d 电子
D. 有 s,p,d 电子和 f 电子　E. 只有 p 电子

34. 原子序数为 19 的元素最可能与下列原子序数为几的元素化合(　　)
A. 15　B. 18　C. 20　D. 17　E. 16

35. 一个电子排布为 $1s^22s^22p^63s^23p^1$ 的元素最可能的价态是(　　)
A. +1　B. +2　C. +3　D. -1　E. -2

36. d 亚层中的电子数最多是(　　)
A. 2　B. 6　C. 10　D. 18　E. 5

37. 下列四种元素的基态原子电子排布中,错误的是(　　)
A. $_{17}$Cl $1s^22s^22p^63s^23p^5$　B. $_{35}$Br $1s^22s^22p^63s^23p^63d^{10}4s^24p^5$
C. $_{29}$Cu $1s^22s^22p^63s^23p^63d^94s^2$　D. $_{24}$Cr $1s^22s^22p^63s^23p^63d^44s^2$
E. C,D 是错的

38. 铝化合价层轨道的电子是(　　)
A. $1s^22s^1$　B. $3s^23p^1$　C. $3p^3$　D. $2s^22p^1$　E. $4s^24p^1$

39. 当主量子数 n 相同时,s,p,d,f 轨道能级高低顺序是(　　)
A. $E_s > E_p > E_d > E_f$　B. $E_s > E_p > E_d = E_f$　C. $E_p > E_s > E_d > E_f$
D. $E_d > E_p > E_s > E_f$　E. $E_f > E_d > E_p > E_s$

40. 价电子构型满足 3d 为全充满 4s 中有一个电子的元素为(　　)
A. Fe　B. Cu　C. Ca　D. K　E. Mn

41. 量子数 $n=3$ 和 l $=0$ 的电子有两个,量子数 $n=3$ 和 l $=2$ 的电子有 6 个,满足该电子构型的元素是(　　)
A. Fe　B. Cu　C. Ca　D. Cr　E. Mn

42. 某元素的原子序数为 29,它属于第几周期(　　)
A. 第二周期　B. 第三周期　C. 第四周期
D. 第五周期　E. 第六周期

43. 当 $n=3$，$l=1$，$m=0$，± 1 时其原子轨道符号是( )

A. 3s B. 3p C. 3d D. 4s E. 4p

44. 下列各组量子数(n,l,m)合理存在的是( )

A. $n=3,l=2,m=+3$ B. $n=2,l=0,m=0$ C. $n=3,l=1,m=+2$

D. $n=4,l=3,m=-4$ E. $n=1,l=1,m=0$

45. 下列不合理的一组量子数是( )

A. $n=3,l=0,m=0,m_s=1/2$ B. $n=2,l=1,m=1,m_s=1/2$

C. $n=1,l=2,m=1,m_s=-1/2$ D. $n=2,l=1,m=0,m_s=-1/2$

E. $n=3,l=2,m=2,m_s=1/2$

46. 原子序数等于24的元素,核外电子排布为( )

A. $1s^22s^22p^63s^23p^63d^44s^2$ B. $1s^22s^22p^63s^23p^63d^54s^1$ C. $1s^22s^22p^63s^23p^63d^64s^0$

D. $1s^22s^22p^63s^23p^64s^24p^4$ E. $1s^22s^22p^63s^23p^63d^6$

47. 量子数 $n=3,l=1$ 的原子轨道可容纳的电子数最多的是( )

A. 10个 B. 6个 C. 5个 D. 8个 E. 2个

48. 在能量简并的d轨道中,电子排布成↑↑↑↑↑,而不排布成↑↓↑↓↑，其最直接的根据是( )

A. 能量最低原理 B. 保利原理 C. 原子轨道能级图

D. 洪特规则 E. 玻尔理论

49. 提出测不准原理的科学家是( )

A. 德布罗意 B. 薛定谔 C. 海森堡

D. 普朗克 E. 玻尔

50. 证明电子运动具有波动性的实验是( )

A. 氢原子光谱 B. 电离能的测定 C. 电子衍射实验

D. 光的衍射实验 E. 光的干射实验

51. 量子数 $n=2,l=0$ 的原子轨道可容纳的电子数最多为( )

A. 2个 B. 6个 C. 5个

D. 10个 E. 0个

52. 在下列原子轨道中,可容纳的电子数最多的是( )

A. $n=2,l=0$ B. $n=3,l=0$ C. $n=3,l=1$

D. $n=3,l=2$ E. $n=4,l=3$

53. 在以下五种元素的基态原子中,核外电子排布正确的是( )

A. $_{24}Cr$ $1s^22s^22p^63s^23p^63d^44s^2$ B. $_{29}Cu$ $1s^22s^22p^63s^23p^63d^94s^2$

C. $_{8}O$ $1s^22s^22p^4$ D. $_{25}Mn$ $1s^22s^22p^63s^23p^63d^64s^1$

E. $_{26}Fe$ $1s^22s^22p^63s^23p^63d^74s^1$

54. 电子云是( )

A. 波函数 Ψ 在空间分布的图形

B. 几率密度 $|\Psi|^2$ 在空间分布图形

C. 波函数的径向分布图形

D. 波函数角度分布图

E. 几率密度$|\Psi|^2$的径向分布图

55. 某元素基态原子的最外层电子构型是$ns^n np^{n+1}$,则该原子中未成对电子数是(　　)

A. 0个　B. 1个　C. 2个　D. 3个　E. 4个

56. 3p电子的几率径向分布图有(　　)

A. 1个峰　B. 5个峰　C. 2个峰　D. 3个峰　E. 4个峰

57. $n=3,l=2$ 表示亚层数和该亚层的简并轨道数是(　　)

A. 3d和5　B. 2d和5　C. 3d和3　D. 3d和7　E. 4d和5

58. 某电子处在2p轨道上,主量子数n和角量子数l取值为(　　)

A. 0和1　B. 1和2　C. 2和1　D. 3和2　E. 2和0

59. 3s电子的几率径向分布图有(　　)

A. 1个峰　B. 5个峰　C. 2个峰　D. 3个峰　E. 4个峰

60. 某电子处在3d轨道上,主量子数n和角量子数l取值为(　　)

A. 0和1　B. 1和2　C. 3和2　D. 3和3　E. 3和1

61. 具有$3d^6 4s^2$价电子构型的元素是(　　)

A. F　B. Fe　C. Cr　D. Cu　E. Mn

62. 具有$3d^{10} 4s^1$价电子结构的元素是(　　)

A. Mn　B. Cl　C. Zu　D. Cu　E. Cr

63. ds区元素包括(　　)

A. ⅠB～ⅡB　B. ⅢB～ⅦB　C. $Ⅲ_A$～$Ⅶ_A$　D. 零族元素　E. ⅠA～ⅡA

64. 周期表的分区是(　　)

A. s区,p区,ds区和f区　B. s区,p区,d区,ds区

C. s区,p区,d区,f区　D. p区,d区,ds区和f区

E. s区,p区,d区,ds区和f区

65. 具有$2s^2 2p^6$的价电子结构的元素为(　　)

A. F　B. C　C. B　D. N　E. Ne

66. 在自然界中,能以单原子形式稳定存在是(　　)

A. Ne　B. 单质碘　C. 氯气　D. 氧气　E. 氢气

67. 在自然界中,只有稀有气体能以单原子形式稳定存在,这是因为它们具有的价电子构型是(　　)

A. ns^2np^6　B. ns^1np^6　C. ns^2np^5　D. ns^2np^7　E. ns^2np^8

68. "s"电子绕核旋转,其轨道是(　　)

A. 圆形　B. ∞字形　C. 梅花形　D. 哑铃形　E. 球体

69. "p"电子绕核旋转,其轨道是(　　)

A. 圆形　B. ∞字形　C. 梅花形　D. 哑铃形　E. 球体

70. "d"电子绕核旋转,其轨道是(　　)

A. 圆形　B. ∞字形　C. 梅花形　D. 哑铃形　E. 球体

71. 铁原子中最后一个电子填充后轨道是(　　)

A. s B. p C. d D. f E. 以上均错

72. 表示电子亚层的量子数是( )

A. n B. n,l C. n,l、m D. l E. l、m

73. 一个原子轨道的量子数是( )

A. n B. n,l C. n,l,m D. l E. l,m

74. 描述一个原子轨道上电子运动状态的量子数是( )

A. n B. n,l C. n,l,m,m_s D. l E. l,m

75. 在单电子原子中,决定电子能量的量子数为( )

A. n B. n,l C. n,l,m D. l E. l,m

76. 对于角量子数 l 而言,下述描述中正确的是( )

A. 决定原子轨道的形状 B. 决定磁量子数 m 的取值

C. 决定多电子原子的层数 D. 决定单电子原子的层数

E. 决定原子轨道在空间的伸展方向

77. 24 号元素铬原子中最后一个电子填充的轨道是( )

A. s B. d C. p D. f E. 以上都不对

78. 对于磁量子数 m 而言,下述描述中正确的是( )

A. 决定原子轨道的形状 B. 决定磁量子数 m 的取值

C. 决定多电子原子的层数 D. 决定单电子原子的层数

E. 决定原子轨道在空间的伸展方向

79. 对于自旋量子数 m_s 而言,下述描述中正确的是( )

A. 决定原子轨道的形状 B. 表示电子在空间的自旋方向

C. 决定多电子原子的层数 D. 决定单电子原子的层数

E. 决定原子轨道在空间的伸展方向

80. 对于主量子数 n 而言,下述描述中正确的是( )

A. 决定原子轨道的形状

B. 表示电子在空间的自旋方向

C. 表示电子出现最大的区域离核的远近和轨道能量的高低

D. 决定单电子原子的层数

E. 决定原子轨道在空间的伸展方向

81. f 亚层中最多能容纳的电子数( )

A. 2 B. 6 C. 14 D. 18 E. 5

82. p 亚层中最多能容纳的电子数( )

A. 2 B. 6 C. 10 D. 18 E. 5

83. s 亚层中最多能容纳的电子数( )

A. 2 B. 6 C. 10 D. 18 E. 5

84. 量子数 $n=4$ 和 $l=0$ 的电子有 1 个,量子数 $n=3$ 和 $l=2$ 的电子有 5 个,满足该电子构型的元素是( )

A. Fe B. Cu C. Ca D. Cr E. Mn

85. 量子数 $n=4$ 和 $l=0$ 的电子有 1 个,量子数 $n=3$ 和 $l=2$ 的电子有 10 个,满足该电子构型的元素是(　　)

A. Fe　　B. Cu　　C. Ca　　D. Cr　　E. Mn

86. 量子数 $n=4$ 和 $l=0$ 的电子有 2 个,量子数 $n=3$ 和 $l=2$ 的电子有 5 个,满足该电子构型的元素是(　　)

A. Fe　　B. Cu　　C. Ca　　D. Cr　　E. Mn

87. 当 $n=3, l=2, m=0, \pm1, \pm2$ 时其原子轨道符号是(　　)

A. $3d_{z^2}$　　B. $3d_{X^2}$　　C. $3d_{Y^2}$　　D. $3d_{XY}$　　E. $d_{X^2-Y^2}$

88. 当 $n=3, l=0, m=0$ 时其原子轨道符号是(　　)

A. 3s　　B. 3p　　C. 3d　　D. 4s　　E. 4p

89. d_1 区元素包括(除 pd 外)(　　)

A. ⅠB ~ ⅡB　　B. ⅢB ~ ⅦB　　C. Ⅷ　　D. ⅠA ~ ⅡA　　E. C 和 B 均对

90. s 区元素包括(　　)

A. ⅠB ~ ⅡB　　B. ⅢB ~ ⅦB　　C. ⅢA ~ ⅦA　　D. 零族元素　　E. ⅠA ~ ⅡA

91. p 区元素包括(　　)

A. ⅠB ~ ⅡB　　B. ⅢA ~ ⅦA　　C. 零族元素　　D. B 和 C 均对　　E. ⅠA ~ ⅡA

92. 量子数 $n=4$ 和 $l=0$ 的电子有 2 个,量子数 $n=3$ 和 $l=2$ 的电子有 10 个,满足该电子构型的元素是(　　)

A. Fe　　B. Cu　　C. Zu　　D. Cr　　E. Mn

A. $1s^22s^22p^5$　　B. $1s^22s^2$　　C. $1s^22s^22p^63s^23p^64s^2$

D. $1s^22s^22p_X^12p_Y^12p_2^d$　　E. $1s^2$

93. 基态原子 F 的核外电子排布式是(　　)

94. 基态原子 He 的核外电子排布式是(　　)

A. Kr　$4d^{10}5s^1$　　B. Kr　$4d^95s^2$　　C. $2s^22p^4$

D. $4d^85s^2$　　E. Kr　$4d^{10}$

95. 基态$_{47}$Ag 原子的电子层结构式为(　　)

96. 基态$_8$O 原子的价电子构型为(　　)(已知 Kr 的原子序数 $Z=36$)

A. $n=3, l=0, m=0, m_s=+1/2$

B. $n=2, l=0, m=0, m_s=+1/2$

C. $n=2, l=0, m=0, m_s=+1/2$ 或 $-1/2$

D. $n=1, l=0, m=0, m_s=+1/2$

E. $n=3, l=0, m=0, m_s=+1/2$ 或 $-1/2$

97. 基态$_3$Li 原子的价电子运动状态是(　　)

98. 基态$_1$H 原子的核外电子运动状态是(　　)

A. $X_{Cl} > X_O$　　B. $X_O > X_{Cl}$　　C. $I_{1,N} > I_{1,O}$

D. $I_{1,O} > I_{1,N}$　　E. $I_{1,O} > I_{1,He}$

99. 元素电负性 X 大小次序正确的是(　　)

100. 元素原子的电离能 I_1 大小次序正确的是(　　)

A. p 轨道上的电子数　　B. s 轨道上的电子数

C. 元素原子的电子层数　　D. 最外层的电子数

E. 内层电子数

101. 决定元素在元素周期表中所处周期数是(　　)

102. 决定主族元素在元素周期表中所处族数是(　　)

二、填空题

1. 根据现代结构理论，核外电子的运动状态可用______来描述，习惯上称其为______；$|\Psi|^2$表示______，它的形象化表示是______。
2. 4p 轨道的主量子数为______，角量子数为______，该亚层的轨道最多可以有______种空间取向，最多可容纳______个电子。
3. 周期表中 s 区，p 区，d 区和 ds 区元素的价电子构型分别为______，______，______和______。
4. 第四周期 19 ~ 30 号元素中，3d 轨道半充满的是______，4s 轨道半充满的是______，3d 轨道全充满的是______。
5. 周期表中最活泼的金属是(除放射性元素外)______，最活泼的非金属是______；原子序数最小的放射性元素在第______周期，其元素符号为______。
6. 比较原子轨道的能量高低

   钾原子中，E_{3s}______E_{3p}，E_{3d}______E_{4s}。

   铁原子中，E_{3s}______E_{3p}，E_{3d}______E_{4s}。
7. 电子的钻穿本领越大，该电子受其他电子的屏蔽效应越______，则这个电子的能量越______。故在多电子原子中，$E_{ns} > E_{np} > E_{nd} > E_{nf}$的能量依次______。
8. 电子波是一种反映电子运动统计规律的______，即在波强度大的地方，电子出现的______；在波强度小的地方，电子出现的______。
9. 符号 Ψ_{320}的原子轨道符号表示______。
10. 只有______、______和______等三个量子数的取值和组合符合一定要求时，才能确定一定波函数 Ψ 也称为______。波函数 Ψ 表示了电子的一种______状态。故波函数 Ψ 也称为______。
11. 波函数的平方$|\Psi|^2$反映了在电子在核外空间各点出现的______；$|\Psi|^2$的空间分布图像叫______。
12. $n=4$，$l=3$ 表示______亚层；该亚层的简并(等价)轨道数是______。
13. 某元素在氪之前，该元素的原子失去两个电子后的离子在角量子数为 2 的轨道中有一个单电子，若只失去一个电子则离子的轨道中没有单电子。该元素的符号为______，其基态原子核外电子排布为______,该元素在______区,第______族。

14. 硅原子的最外层电子有四个,根据半满或全满稳定的规律,硅原子的核外电子排布式表示为______。
15. $n=3, l=2$ 表示______亚层;该亚层的简并(等价)轨道数是______。
16. $n=2, l=1$ 表示______亚层;该亚层的简并(等价)轨道数是______。

三、判断题

1. Bohr 理论的原子轨道与量子力学中原子轨道具有相同的概念。( )
2. 量子力学中,描述一个原子轨道,需要四个量子数;描述一个原子轨道上运的电子,要用三个量子数。( )
3. 物质波与经典波在本质上是不同的。( )
4. 对氢原子而言,Bohr 理论的处理结果与量子力学的处理结果是一致的。( )
5. 电子云的角度分布图是波函数角度部分的平方 $Y^2(\theta\Psi)$ 随($\theta\Psi$)变化的图形。( )
6. He^+ 中 2s 与 2p 轨道的能量相同,而 He 中 2s 与 2p 轨道的能量不相等。( )
7. H 中 1s 轨道的能量与 Li^{2+} 中 1s 轨道的能量相等。( )
8. 能级交错现象只能用于钻穿效应解释,不能用屏蔽效应解释。( )
9. 电负性较大的元素往往是金属元素,电负性较小的元素往往是金属元素。( )
10. N 的第一电子能比"O"的大。( )
11. 原子中某电子所受的屏蔽效应可以认为是其他电子向核外排斥该电子,使其能量降低的效应。( )
12. 屏蔽作用使外层电子的能量升高,钻穿效应使核附近电子的能量降低。( )
13. 主量子数为 4 时,有 4s,4p,4d 和 4f 四个原子轨道。( )
14. 主量子数为 1 时,有自旋相反的两条轨道。( )
15. 第三个电子层中最多能容纳 18 个电子($2n^2$),则在第三周期中就有 18 种元素。( )
16. 球坐标波函数是由角度波函数和径向波函数组成。( )
17. 氟元素的电负性大于氯元素的。( )
18. 电子云的界面图可表示电子云的形状。( )
19. H 原子的 $E_{4s} > E_{3d}$,而 Fe 原子的 $E_{4s} < E_{3d}$。( )
20. 电子不具有波粒二象性。( )
21. 七个能级组是周期表划分为七个周期的依据。( )
22. 氧原子的 2s 轨道的能量与碳原子的 2s 轨道的能量相同。( )

四、简答题

1. 写出原子序数为 17 的元素核外电子排布、价电子构型、元素符号、元素名称、区以及此元素在周期表中的位置。
2. 写出基态 $_{29}Cu$ 的电子层结构式、价电子构型、元素符号、元素名称、区以及此元素在周期表中的位置。
3. 写出下列基态离子电子层结构式。(内层用原子式表示)

(1) F^- (Z = 9)　　(2) Fe^{2+} (Z = 26)

4. 写出原子序数为25的元素核外电子排布、价电子构型、元素符号、元素名称、区以及此元素在周期表中的位置。
5. 下列核外电子排布中,违背了哪个原理?写出它的正确核外电子排布。
   $_6C\ 1s^22s^22p_x^22p_y^02p_z^0$
6. 下列硼元素的基态原子核外电子排布中,违背了哪个原理?写出它的正确核外电子排布。
   $_5B\quad 1s^22s^3$
7. 下列铍元素的基态原子核外电子排布式中,违背了哪个原理?写出它的正确电子构型。
   $_4Be\quad 1s^22p^2$
8. 元素电负性的含义是什么?
9. s,p,d,f 各轨道最多能容纳多少个电子?
10. 当主量子数 $n = 4$ 时,有几个能级?各能级有几个轨道?最多能容纳多少个电子?
11. 写出基态$_{24}Cr$的电子层结构式、价电子构型、元素符号、元素名称、区以及此元素在周期表中的位置。

五、问答题

1. "只有当量子数 n,l,m 取值合理时,就能确定电子的某种运动状态。"这句话错在何处?
2. 用四个量子数 n,l,m,m_s 描述基态 Fe^{3+} ($Z_{Fe} = 26$) 最外层 d 电子的运动状态?
3. 屏蔽作用使电子的能量升高,钻穿效应使电子的能量降低。试述其原因?(举例说明)
4. 核外电子运动有哪些特点?(包括描述核外电子运动状态的量子力学函数)
5. 氢原子核外电子能级由哪个量子数决定? E_{4s}与 E_{3d}能级高低如何?
6. 氢原子的核电荷数和有效核电荷数是否相等?为什么?氢原子核外电子能级由哪个量子数决定? E_{4s}与 E_{3d}能级高低如何?
7. 多电子原子中,核外电子能级由什么量子数确定?为什么?用徐光宪规则说明 E_{4s}与 E_{3d}能级高低次序?
8. 下列量子数哪些是不合理的?为什么?正确的取值是什么?
   (1) $n = 1, l = 1, m = 0$　　(2) $n = 2, l = 0, m = \pm 1$
9. 多电子原子核外电子的填充遵循哪三条规则(举例说明)。

参考答案

一、选择题

1. C	2. D	3. B	4. B	5. A	6. B	7. B	8. D	9. C	10. A
11. E	12. D	13. D	14. C	15. D	16. A	17. B	18. B	19. A	20. A

21. A	22. D	23. B	24. D	25. A	26. B	27. B	28. A	29. B	30. C
31. A	32. E	33. C	34. D	35. C	36. C	37. E	38. B	39. E	40. B
41. A	42. C	43. B	44. B	45. C	46. B	47. B	48. D	49. C	50. C
51. A	52. E	53. C	54. B	55. D	56. C	57. A	58. C	59. D	60. C
61. B	62. D	63. A	64. E	65. E	66. A	67. A	68. E	69. D	70. C
71. E	72. D	73. C	74. C	75. A	76. A	77. C	78. E	79. B	80. C
81. C	82. B	83. A	84. D	85. B	86. E	87. A	88. A	89. E	90. E
91. D	92. C	93. A	94. E	95. A	96. C	97. C	98. D	99. B	100. C
101. C	102. D								

二、填空题

1. 波函数,原子轨道,$|\Psi|^2$几率密度,电子云 2. 4,1,3,6 3. ns^{1-2},ns^2np^{1-6},$(n-1)d^{1-9}4s^{1-2}$,$(n-1)d^{10}4s^{1-2}$ 4. Cr Mn、K、Cu 和 Zu 5. Cs,F,五,Tc 6. 小于,大于,小于,大于 7. 小,低,增大 8. $3dz^2$ 9. 物质波(或几率波),几率大,几率小 10. 主量子数,角量子数,磁量子数,空间运动,原子轨道 11. 几率密度,电子云 12. 4f,7 13. Cu,Ar,$3d^{10}4s^1$(或 $1s^22s^22p^63s^23p^63d^{10}4s^1$),ds,$I_B$ 14. Si,Ne$3s^23p_X^1p_Y^13p_Z^0$(或 $1s^22s^22p^63s^23p^2$) 15. 3d,5 16. 2p,3

三、判断题

1. ×	2. ×	3. √	4. ×	5. √	6. √	7. ×	8. ×	9. √	10. √
11. ×	12. √	13. ×	14. ×	15. ×	16. √	17. √	18. √	19. √	20. ×
21. √	22. ×								

四、简答题

1. 答:$1s^22s^22p^63s^23p^5$,$3s^23p^5$,Cl,氯元素,第三周期,p 区,ⅦA。
2. 答:$_{29}$Cu:Ar $3d^{10}4s^1$或 $1s^22s^22P^63s^23P^63d^{10}4s^1$,四,ⅥB,d 区,$3d^{10}4s^1$。
3. 答:(1)F^-:He $2S^22P^6$;(2)Fe^{2+}:Ar $3d^6$
4. 答:$1s^22s^22p^63s^23p^63d^54s^2$或 Ar $3d^54s^2$,$3d^54s^2$,Mn,锰元素,四,d 区,ⅦB。
5. 答:违背了洪特规则。正确电子排布:$_6$C $1s^22s^22p_X^12p_Y^12p_Z^0$
6. 答:违背了保利不相容原理。正确电子排布:$_5$B $1s^22s^22p^1$
7. 答:违背能量最低原理。正确的电子排布应是:$_4$Be $1s^22s^2$
8. 答:在化学键中原子吸引成键电子能力的相对大小的尺度(或原子在分子中对成键电子的吸引能力)。
9. 答:s 轨道最多能容纳的 2 个电子;p 轨最多能容纳道的 6 个电子;d 轨道最多能容纳的 10 个电子;f 轨道最多能容纳的 14 个电子。
10. 答:4 个能级 16 条轨道 32 个电子。
11. 答:$_{24}$Cr:Ar $3d^54s^1$或 $1s^22s^22P^63s^23P^63d^54s^1$,四,ⅥB,d 区,$3d^54s^1$。

五、问答题

1. 答:根据薛定谔(Shrodinser)方程,该函数 Ψ 表示电子的某种运动状态的函数,当 n,l,m 确定时,可以得到一个合理的 Ψ。
   然而实验证明,电子本身有自旋运动,用量子数 m_s 表示,它不是由解薛定谔方程得来的。所以正确的说法是:n,l,m 表示电子的一个单子轨道,而 n,l,m,m_s 才表示一个电子的运动状态。
2. 答:这五个 d 电子的空间运动状态为:$n=3,l=2,m=0,m_s=+1/2$(或 $-1/2$);$n=3,l=2,m=+1,m_s=+1/2$(或 $-1/2$);$n=3,l=2,m=-1,m_s=+1/2$(或 $-1/2$);$n=3,l=2,m=+2,m_s=+1/2$(或 $-1/2$);$n=3,l=2,m=-2,m_s=+1/2$(或 $-1/2$)。
3. 答:(1) 屏蔽作用主要是讨论内层电子数对外层电子的影响,由于内层电子数增加,屏蔽常数增加(或内层电子对外层电子的斥力增大)从而抵了部分核电荷对外层电子的吸引(即有效核电荷数降低),使外层电子能量升高。
   (2) 钻穿效应主要是考虑径向分布函数对电子能量的影响。某电子的钻穿效应大,是因为其径向分布函数在核附近有较大的数值,表示该电子在核附近出现的几率较大,受核吸引较强,从而使其能量降低。
   如电子钻穿能力: $E_{3s}>E_{3p}>E_{3d}$
   电子能级高低: $E_{3s}<E_{3p}<E_{3d}$
4. 答:核外电子运动有下述四个基本特点:
   (1) 核外电子具有波粒二象性,即有测不准关系 $\Delta x\Delta p\approx h$,只能由几率,几率密度分布来描述其运动状态。
   (2) 核外电子的能量是不连续的,分为不同的能级,其能级大小由主量子数 n(单 e 体系)和角量子数 l(多电子原子由 n 和 l 确定)确定。
   (3) 电子的运动状态用波函数 Ψ 来描述,三个量子数 n,l,m 取值合理时,可以确定核外电子的一个原子轨道,记作 $\Psi(n,l,m)$ 四个量子数 n,l,m,m_s 取值合理时,可以确定核外电子的一种空间运动状态。
   (4) 电子的运动没有经典力学中的确定轨道,而有与 Ψ^2 成正比的几率密度分布。
5. 答:H 原子核外电子能级高低只由主量子数 n 确定。n 值越大,电子离核越远,受核的引力越小,电子能级越高;n 值越小,电子离核越近,受核的引力越大,电子能级越低。故 $E_{4s}>E_{3d}$
6. 答:(1) 多电子原子核外电子能级高低由主量子数 n 和角量子数 l 共同确定。
   原因:①多电子原子中,核外电子除受核引力外,还存在电子间的斥力,即存在着电子间的屏蔽作用,屏蔽作用能使电子的能量升高,n 值越大,外层电子受到内层电子的屏蔽作用越大,能级越高;②多电子原子中,随 1s,2p,3d,4f 电子外,其余电子都能穿过内层钻到核附近,回避了其他电子的屏蔽,叫电子的钻穿效应。钻穿效应与角量子数 l 有关,能使电子的能级降低,如同层中,电子的钻穿能力是:$E_{ns}>E_{np}>E_{nd}>E_{nf}$,电子的能级却是:$E_{ns}<E_{np}<E_{nd}<E_{nf}$。
   (2) 多电子原子中电子的近似能级由徐光宪教授的$(n+0.7l)$规则确定;$(n+0.7l)$值大

的，电子的能级高；$(n+0.7l)$值小的，电子的能级低。

由此可知，在多电子原子中：

$$E_{4s}=4+0.7\times0=4.0$$
$$E_{3d}=6+0.7\times2=4.4$$

故 $E_{3d}>E_{4s}$。

7. 答案略。

8. 答：(1) n,l,m 三个量子数的取值既有一定的联系，又有一定的制约，由于 $n=1$ 时，l 的最小值和最大值只能是 0，m 的最小值是 0，最大值也是 0，故 $l=1$ 是不合理的，等于 0。

(2) $n=2$ 时，l 可以取 0，1，故 $n=2$ 时，$l=0$ 是正确的；$l=0$ 时，m 的最小值和最大值只能是 0，故 $m=\pm1$ 是错的，m 应该等于 0。

9. 答：多电子原子核外电子的填充遵循三条规则：保利不相容原理；能量最低原理；洪特规则。

(1) 根据保利不相容原理，在同一原子中，没有彼此完全处于相同状态的电子。也就是说，在同一原子中不能有四个量子数完全相同的两个电子存在。（或者：每一个原子轨道最多只能容纳两个自旋反平行的电子）。如 $1s^3$ 违背了这个原则。正确的排布是：$1s^22s^1$。

(2) 根据能量最低原理，电子应先填入最低能级轨道，然后依次填入能级较高的轨道。如：$1s^22p^2$ 违背了这个原则。正确的排布是：$1s^22s^2$。

(3) 根据洪特规则，在能量相等的简并（或等价）轨道上，电子总是尽先以自旋相同（或自旋平行）的方式，分占不同的轨道，使原子能量最低；$3d^44s^2$ 违背了这个规则。正确有排布为：$1s^22s^22p^63s^23p^63d^54s^1$。

（海力茜·陶尔大洪）

第7章　分子结构

基本要求

1. 掌握共价键的本质、特点、形成条件和共价键概念。
2. 掌握价键理论和杂化轨道理论的要点。
3. 掌握分子轨道理论的要点,分子轨道的类型和同核双原子分子的分子轨道。
4. 掌握分子的磁性、极性和极性分子。
5. 尤其掌握氢键形成条件、特点和应用。
6. 熟悉离子键的形成、特点、离子化合物及离子的电荷、电子排布和半径。
7. 熟悉共价键的极性和键参数的物理意义。
8. 熟悉分子间作用力的存在及其对物质某些性质的影响。
9. 了解经典的路易斯学说。

学习要点

化学键:分子内部直接相邻的原子或离子间的强相互作用力称为化学键。化学键可分成离子键、共价键和金属键,本章重点讨论共价键。物质的某些性质与组成物质分子的化学键类型有关,也与分子间的相互作用力有关。

一、离　子　键

两原子间发生电子转移,形成正、负离子,通过离子间的静电作用而形成的化学键称离子键。

1. 形成离子键的条件和离子键的特征　两成键原子的电负性差大可形成离子键。ⅠA,ⅡA族等元素与卤族元素、氧元素等形成的氧化物、卤化物、氢氧化物和含氧酸盐等化合物分子中存在着离子键。

离子键没有方向性和饱和性。正、负离子所带电荷是球形对称分布,它们可以从任何方向互相吸引,因此没有方向性。正、负电荷间永远存在着引力,其大小决定于电量和距离,所以没有饱和性。

2. 离子的电子构型　离子键的强弱取决于组成它的离子,而后者的性质与离子的三要素即离子的电荷、半径及电子构型有关。

离子的电子构型就是指离子的电子层结构。离子的内层电子是充满的。可按照离子外层电子层结构的特点将离子的电子构型分成五种类型:2 电子构型(s^2);8 电子构型(s^2p^6);18 电子构型($s^2p^6d^{10}$);18 +2 电子构型($s^2p^6d^{10}s^2$);不规则构型($s^2p^6d^{1-9}$)。

二、共 价 键

原子间通过共用电子对结合的化学键称共价键。

近代共价键理论分为价键理论和分子轨道理论两部分。

1. 价键理论　价键理论认为两原子中,自旋相反的未成对电子的原子轨道发生重叠,两核间密集的电子云吸引两原子核,降低两核的排斥作用,从而使体系能量降低而成键。

2. 共价键的形成条件

(1) 自旋相反的未成对电子可配对形成共价键。

(2) 成键电子的原子轨道尽可能达到最大程度的重叠。重叠越多,体系能量降低越多,所形成的共价键越稳定。以上称最大重叠原理。

3. 共价键的特征

(1) 共价键的饱和性:即两原子间形成共价键的数目是一定的。两原子各有 1 个未成对电子,可形成共价单键;若各有 2 个或 3 个未成对电子则可形成双键和三键。

(2) 共价键的方向性:为满足最大重叠原理,两原子间形成共价键时,两原子轨道要沿着一定方向重叠,因此,形成的共价键有一定方向。

4. 共价键的类型

(1) σ 键:两原子轨道沿键轴方向进行重叠,所形成的键称 σ 键。重叠部位在两原子核间,键轴处。重叠程度较大。

(2) π 键:两原子轨道沿键轴方向在键轴两侧平行重叠,所形成的键称 π 键。重叠部位在键轴上、下方,键轴处为零。重叠程度较小。

三、分子的磁性与极性

1. 杂化轨道理论　在成键过程中,同一原子中能量相近的某些原子轨道可重新组合成相同数目的新轨道,这一过程称杂化。杂化后形成的新轨道称杂化轨道。

2. 杂化轨道理论要点

(1) 原子在成键时,同一原子中能量相近的原子轨道可重新组合成杂化轨道。

(2) 参与杂化的原子轨道数等于形成的杂化轨道数。

(3) 杂化改变了原子轨道的形状、方向。杂化使原子的成键能力增加。

3. s 和 p 原子轨道杂化　ns,np 原子轨道能量相近,常采用 sp 型杂化。有下列三种杂化轨道的类型:

类型	轨道数目	空间构型	实例
sp	2	直线	$HgCl_2$,$BeCl_2$
sp^2	3	三角平面	BF_2
sp^3	4	四面体	CCl_4,NH_3,H_2O

根据各杂化轨道中所含各原子轨道成分是否相同,又分为等性杂化和不等性杂化。例如,在 NH_3 分子形成时 N 原子采取了 sp^3 不等性杂化,形成的 4 个杂化轨道中有 1 个轨道中有 1 对孤对电子,其余 3 个轨道各有 1 个不成对电子,孤对电子所在轨道 s 成分多些,能量低些,与其余 3 个轨道不同等。孤对电子不参与成键,所以 NH_3 分子的空间构型为三角锥型。孤对电子对成键电子对的斥力较大,所以∠HNH 小于正四面体中键间夹角。

4. 分子轨道理论 分子轨道理论认为分子中的电子是在整个分子范围内运动,成键电子不是定域在两原子之间。用 Ψ 描述分子中电子的运动状态,$|\Psi|^2$ 表示电子在分子中空间某处出现的几率密度。

理论要点:

(1) 分子轨道是由所属原子轨道线性组合而成。由 n 个原子轨道线性组合后可得到 n 个分子轨道。其中包括相同数目的成键分子轨道和反键分子轨道,或一定数目的非键轨道。

(2) 由原子轨道组成分子轨道必须符合对称性匹配、能量近似及轨道最大重叠这三个原则。

(3) 形成分子时,原子轨道上的电子按能量最低原理、保利不相容原理和洪特规则这三个原则进入分子轨道。

5. 分子轨道的类型

(1) σ 分子轨道:原子轨道沿着键轴发生重叠所形成的分子轨道称 σ 分子轨道。具有圆柱形对称性。电子进入成键 σ 分子轨道则形成 σ 键。

(2) π 分子轨道:原子轨道在键轴两侧平行重叠所形成的分子轨道称 π 分子轨道。具有通过键轴的对称面。电子进入成键 π 分子轨道则形成 π 键。电子进入由 3 个或 3 个以上原子组成的成键 π 分子轨道则形成大 π 键。

6. 双原子分子的分子轨道 第二周期元素的原子各有 5 个原子轨道(1s2s2p),在形成同核双原子分子时按组成分子轨道的三个原则可组成 10 个分子轨道。有下列两种轨道能级顺序。

对 O_2,F_2:

$$\sigma_{1s} < \sigma^*_{1s} < \sigma_{2s} < \sigma^*2s < \sigma_{2Px} < \pi_{2Py} = \pi_{2Pz} < \pi^*_{2Py} = \pi^*_{2Pz} < \sigma^*_{2Px}$$

对 Li_2,Be_2,B_2,C_2,N_2:

$$\sigma_{1s} < \sigma^*_{1s} < \sigma_{2s} < \sigma^*_{2s} < \pi_{2Py} = \pi_{2Pz} < \sigma_{2Px} < \pi^*_{2Py} = \pi^*_{2Pz} < \sigma^*_{2Px}$$

按照电子填充规则电子进入分子轨道:

$$2O(1s^2,2s^22p^4) \rightarrow O_2[KK(\sigma 2s)^2(\sigma^*_{2s})^2(\sigma_{2Px})^2(\pi_{2Py})^2(\pi_{2Pz})^2(\pi^*_{2Py})^1(\pi^*_{2Pz})^1]$$

$$2N(1s^2,2s^22p^3) \rightarrow N_2[KK(\sigma_{2s})^2(\sigma^*_{2s})^2(\pi_{2Py})^2(\pi_{2Pz})^2(\sigma_{2Px})^2]$$

从分子轨道结构式可知在 O_2 分子中形成了 1 个 σ 键,2 个三电子 π 键,其键级等于 2。在 π 反键轨道上有 2 个单电子,故 O_2 分子有顺磁性。N_2 分子中形成了 1 个 σ 键,2 个 π 键,其键级等于 3。

四、分子的磁性与极性

1. 分子的磁性 因物质在外磁场中表现不同,可将物质分成抗磁性物质和顺磁性物质两类。

种类	结构特点	磁矩(μ)	外加磁场	与外磁场作用
抗磁性	无单电子 (H_2,N_2)	等于零	产生诱导磁矩 磁矩方向与外磁场方向相反	相互排斥
顺磁性	有单电子 (H_2^+,O_2)	不等于零	微观磁子的磁矩取向磁矩方向与外磁场方向相同	相互吸引

磁矩值(μ)大小与单电子数(n)关系为

$$\mu = \sqrt{n(n+2)}$$

2. 分子的极性　凡分子的正负电荷中心重合，不产生偶极，称为非极性分子。若分子的正负电荷中心不重合，分子中有“+”极和“-”极，这样分子产生了偶极，称为极性分子。分子的极性既决定于共价键的极性也决定分子的空间构型。

H_2	$HCl(^{\delta+}H-^{\delta-}Cl)$	$CO_2(^{\delta-}O=^{\delta+}C=^{\delta-}O)$	H_2O　$^{\delta+}H-{}^{\delta-}O-H^{\delta+}$
非极性共价键	极性共价键	极性共价键	极性共价键正、负电荷中心不重合
非极性分子	极性分子	正、负电荷中心重合 非极性分子	极性分子

用偶极矩(μ)来度量分子的极性大小

$$\mu = \delta \cdot d$$

五、分子间作用力

除化学键以外的基团间、分子间相互作用力的总称便是分子间作用力。

1. 范德华力　是共价化合物分子间普遍存在的作用力，由以下三种力组成。

(1) 取向力：由极性分子存在的正负两极互相吸引而产生的。使原来杂乱无章的极性分子作定向排布故称之为取向力。

(2) 诱导力：极性分子的永久偶极可诱导非极性分子产生诱导偶极，并相互吸引，称之为诱导力。极性分子与极性分子间也存在着诱导力。

(3) 色散力：分子在运动过程中，每瞬间分子内的带负电部分和带正电部分不时发生相对位移，产生瞬时偶极。并始终处于异极相邻状态而相互吸引。非极性分子与非极性分子；极性分子与非极性分子；极性分子与极性分子之间都存在着色散力。

若把上述讨论扩展到同时有离子化合物存在，则离子与极性分子间存在着离子-永久偶极作用力；离子与非极性分子间存在着离子—诱导偶极作用力。范德华力与物质的某些性质有关。例如，范德华力越大，共价化合物的熔、沸点越高；溶质与溶剂间范德华力越大，溶质易溶于该溶剂中。

2. 氢键　与电负性大、半径小的原子(N,O,F 原子)结合的 H 原子去吸引另一个电负性大、半径小的原子(N,O,F原子)的孤对电子则形成氢键。可表示为X—H…Y。

氢键键能与范德华力在同一数量级。但氢键有饱和性,X—H中的H原子只能吸引一个Y原子上的孤对电子。此外,分子间氢键有方向性,X—H中之H原子是沿着Y原子中孤对电子云伸展方向去吸引。

氢键影响物质的性质。分子间形成氢键,可使物质的熔、沸点升高。如果溶质分子与溶剂分子间能形成氢键,将有利于溶质分子的溶解。

强化训练

一、选择题

1. 已知O_2的分子轨道的表达式为:$KK\sigma_{2S}^2<\sigma_{2S}^{*2}<\sigma_{2P_x}^2<\pi_{2Py}^2\ \pi_{2Pz}^2<\pi_{2Py}^{*1}\pi_{2Pz}^{*1}$,则$O_2$的键级为( )

A. 2　　B. 2.5　　C. 3　　D. 1　　E. 3

2. 分子的偶极矩μ值都为0的非极性分子是( )

A. CO_2, H_2O , NH_3　　B. CO_2, BF_3, CCl_4　　C. H_2O, CO, CO_2

D. HF, HCl, HI　　E. H_2O, BF_3, $CHCl_3$

3. 分子的偶极矩μ值都大于0的极性分子是( )

A. H_2O, NH_3, HCl　　B. H_2, O_2, N_2　　C. F_2, Cl_2, Br_2

D. HNO_3, CCl_4, O_2　　E. CO_2, BF_3, CH_4

4. 下列各组分子间能形成分子间氢键的是( )

A. He和H_2O　　B. H_2O和CH_3OH　　C. N_2和H_2

D. O_2和H_2　　E. H_2和He

5. 现代价键理论VB法认为形成共价键的首要条件是( )

A. 两原子只要有成单的价电子就能配对成键

B. 成键电子的自旋相同的未成对的价电子互相配对成键

C. 成键电子的自旋相反的未成对价电子相互接近时配对成键,形成稳定的共价键

D. 成键电子的原子轨道重叠越少,才能形成稳定的共价键

E. 共价键是有饱和性和方向性的

6. 根据分子结构,下列化合物无氢键存在的分子是( )

A. H_2O　　B. NH_3　　C. C_6H_6　　D. HF　　E. H_2O与NH_3

7. 下列说法中正确的是( )

A. 离子键的特点是没有方向性和饱和性

B. 离子键的特点是有方向性和饱和性

C. 任何两种或多种元素的原子间均能形成离子型化合物

D. 相互作用的元素的电负性相差越小,离子键的离子性越大

E. 相互作用的元素的电负性相差越大,离子键的离子性越小

8. 下列物质中,有离子键的是( )

A. O_2　B. HCl　C. NaCl　D. CCl_4　E. N_2

9. NH_3分子的中心原子采用的杂化类型和分子的空间构型分别为(　　)

A. sp^3等性杂化、三角锥形　B. sp^3不等性杂化,三角锥形

C. sp等性杂化,直线形　D. sp^2不等性杂化和平面三角形

E. s^2p 不等性杂化和平面三角形

10. 下列分子中,键角最小的是(　　)

A. H_2O　B. NH_3　C. BF_3　D. CH_4　E. $HgCl_2$

11. BF_3分子的中心原子采用的杂化类型和分子的空间构型分别为(　　)

A. sp^3等性杂化,正四面体形　B. sp^3不等性杂化,V 字形

C. sp^2等性杂化,平面三角形　D. sp 等性杂化,直线形

E. sp 等性杂化,三角锥形

12. H_2O 分子的中心原子采用的杂化类型和分子的空间构型分别为(　　)

A. sp^3等性杂化,V 字形　B. sp^3不等性杂化,V 字形

C. sp^2等性杂化,平面三角形　D. sp 等性杂化,直线形

E. sp 等性杂化,三角锥形

13. $BeCl_2$分子的中心原子采用的杂化类型和分子的空间构型分别为(　　)

A. sp^3等性杂化,三角锥形　B. sp^3不等性杂化,三角锥形

C. sp 性杂化,直线形　D. sp^2等性杂化,平面三角形

E. sp 等性杂化,三角锥形

14. NH_3,H_2O,CH_4,BF_3, $HgCl_2$ 五种分子中,中心原子采用 sp^3 等性杂化轨道成键的是(　　)

A. NH_3　B. H_2O　C. BF_3　D. CH_4

E. 二氯化汞($HgCl_2$)

15. 已知 $HgCl_2$是直线分子,则 Hg 的成键杂化轨道是(　　)

A. sp　B. sp^2　C. sp^3　D. d^2sp^3　E. sp^3d^2

16. 下列分子中有顺磁性的是(　　)

A. H_2　B. F_2　C. N_2　D. O_2　E. He_2

17. 下列分子中键级为 0 的是(　　)

A. H_2^+　B. H_2　C. He_2　D. F_2　E. N_2

18. 下列有关 σ 键与 π 键的说法中哪一种是错误的(　　)

A. σ 键比 π 键稳定

B. s 与 s 轨道以“头碰头”重叠形成 σ 键

C. σ 键可单独存在于分子中

D. p_Y与 p_Z轨道以“肩并肩”重叠形成 π 键

E. p_Y与 p_Y轨道以“肩并肩”重叠形成 π 键

19. 下列分子中,中心原子采用的杂化轨道类型错误的是(　　)

A. H_2O 中,O 原子采用 sp^3不等性杂化　B. NH_3中,N 原子采用 sp^3不等性杂化

C. BF_3中,B 原子采用 sp^2等性杂化　D. $BeCl_2$中,Be 原子采用 sp^2等性杂化

E. $BeCl_2$中,Be 原子采用 sp 等性杂化

20. 下列分子中,键角大小次序错误的是(　　)

A. $NH_3 > H_2O$　　B. $H_2O > NH_3$　　C. $CH_4 > H_2O$

D. $BF_3 > H_2O$　　E. $BeCl_2 > BF_3$

21. 有关 CO_2分子的极性和键极性的说法中错误的是(　　)

A. CO_2分子中存在着极性共价键

B. CO_2分子中键有极性,所以 CO_2是极性分子

C. CO_2分子是结构对称的直线型分子

D. CO_2分子偶极矩 μ 值为零

E. CO_2分子中键有极性,但结构对称,所以 CO_2是非极性分子

22. 下列说法错误的是(　　)

A. 键级为 0 的分子(如 He_2)不能存在

B. 双原子分子中,键有极性,分子一定有极性

C. 偶极矩 $\mu > 0$ 的分子是极性分子

D. 偶极矩 $\mu < 0$ 的分子是非极性分子

E. 多原子分子中,键有极性,分子不一定有极性

23. 下列说法中错误的是(　　)

A. 非极性分子中的化学键都是非极性共价键

B. 分子偶极矩 $\mu = 0$ 的分子是非极性分子

C. 分子偶极矩 $\mu > 0$ 的分子是极性分子

D. 分子偶极矩 μ 值越大,分子极性越大

E. 多原子分子中,键有极性,分子不一定有极性

24. 有关分子或离子磁性的判断错误的是(　　)

A. O_2是顺磁性物质　　B. H_2是顺磁性物质　　C. H_2^+是顺磁性物质

D. N_2是抗磁性物质　　E. B_2是顺磁性物质

25. 下列有关氢键的说法中错误的是(　　)

A. 分子间氢键的形成一般可使物质的熔沸点升高

B. 氢键是有方向性和饱和性的

C. 氢键是一种化学键

D. NH_3与 H_2O 分子之间能形成氢键

E. H_2与 H_2分子之间不能形成氢键

26. 已知 O_2的分子轨道排布式为:$KK\sigma_{2S}^{2} < \sigma_{2S}^{*2} < \sigma_{2P_x}^{2} < \pi_{2Py}^{2}\pi_{2Pz}^{2} < \pi_{2Py}^{*1}\pi_{2Pz}^{*1}$,则 O_2的磁性准确的说法是(　　)

A. 抗磁性　　B. 顺磁性　　C. 有磁性

D. 没有磁性　　E. 以上均不正确

27. 已知 F_2的分子轨道排布式为:$KK\sigma_{2S}^{2} < \sigma_{2S}^{*2} < \sigma_{2P_x}^{2} < \pi_{2Py}^{2}\pi_{2Pz}^{2} < \pi_{2Py}^{*2}\pi_{2Pz}^{*2}$,则 F_2的磁性是(　　)

A. 抗磁性　　B. 顺磁性　　C. 有磁性

D. 无磁性　　　　　　　　　E. (A)和(C)均正确

28. 根据现代价键理论,有关N_2结构的说法正确的是(键轴是X轴)(　　)

A. 有一个π键,两个σ键

B. 三个键全是π键

C. 三个键全是σ键

D. 有一个σ键(p_X-p_X),两个π键(p_Y-p_Y键及p_Z-p_Z键)

E. 有一个σ键(p_Y-p_Y),两个π键(p_X-p_X键及p_Z-p_Z键)

29. 根据MO法,下列分子轨道排布式和结构式正确的是(　　)

A. H_2^+：${\sigma_{1S}}^2$,$[H—H]^+$

B. H_2:${\sigma_{1S}}^1$,H·H

C. He_2:${\sigma_{1S}}^2$, He—He

D. F_2:$kk{\sigma_{2S}}^2<{\sigma^*_{2S}}^2<{\sigma_{2PX}}^2<{\pi_{2PY}}^2{\pi_{2PZ}}^2<{\pi^*_{2PY}}^2{\pi^*_{2PZ}}^2$,F—F

E. N_2:$kk{\sigma_{2S}}^2{\sigma^*_{2S}}^2{\sigma_{2P}}^2{}_X{\pi_{2PY}}^2{\pi_{2PZ}}^1$], N≡N

30. 已知O_2,N_2,B_2,H^+_2的键级分别为2,3,1,0.5则上述分子稳定性由大到小的次序正确的是(　　)

A. $O_2>N_2>H^+_2>B_2$　　B. $N_2>O_2>B_2>H^+_2$　　C. $B_2>N_2>H^+_2>O_2$

D. $H^+_2>N_2>O_2>B_2$　　E. $O_2>N_2>B_2>H^+_2$

31. 根据分子轨道理论MO法, N_2分子的轨道排布式正确的是(　　)

A. $kk{\sigma_{2S}}^2{\sigma^*_{2S}}^2{\pi_{2pY}}^2{\pi_{2pZ}}^2{\sigma_{2pX}}^2$　B. $kk{\sigma_{2S}}^2{\sigma^*_{2S}}^2{\pi_{2pY}}^2{\pi_{2pZ}}^2{\sigma_{2pX}}^2$　C. $kk{\sigma_{2S}}^2$

D. $kk{\sigma_{2S}}^2{\sigma^*_{2S}}^2$　　E. $\sigma_{1S}\sigma^*_{1S}\sigma_{2S}\sigma^*_{2S}$

32. 下列分子中,键角最大的是(　　)

A. H_2O　B. NH_3　C. BF_3　D. CH_4　E. $HgCl_2$

33. 氮分子很稳定,因为氮分子(　　)

A. 分子体积小　　B. 键级为3　　C. 具有八隅体结构

D. 难溶于水　　E. 分子中有σ键π键

34. 下列分子中,具有顺磁性的物质是(　　)

A. B_2　B. N_2　C. F_2　D. H_2　E. He

35. 下列分子中具有最大偶极矩的是(　　)

A. H_2O　B. SO_2　C. CO_2　D. H_2　E. HF

36. H_2O,H_2S,BF_3三种分子极性大小顺序为(　　)

A. $H_2S>H_2O>BF_3$　　B. $H_2O>H_2S>BF_3$　　C. $BF_3>H_2O>H_2S$

D. $BF_3>H_2O>H_2S$　　E. $H_2S>BF_3>H_2O$

37. 下列化合物有氢键的是(　　)

A. C_2H_4　B. N_2H_4　C. HF　D. $BeCl_2$　E. NaCl

38. 氮原子的价电子构型为$2s^22P^3$,其2p轨道上的3个电子正确排布为(　　)

A. ↑↓↓　B. ↑↑↓　C. ↑↓↑　D. ↓↑↑　E. ↑↑↑

39. 下列说法中,正确的是(　　)

A. 氢键是一种化学键　　　　B. 氢键有方向性和饱和性

C. 水分子间不存在氢键　　D. 氢键是无方向性的分子间作用力
E. 氢键是无饱和性的分子间作用力

40. NH_3 比 PH_3 的沸点高的原因是 NH_3 分子间存在(　　)
A. 色散力　B. 诱导力　C. 取向力　D. 吸引力　E. 氢键

41. 正负电荷中心不重合的分子称为(　　)
A. 非极性分子　B. 双原子分子　C. 极性分子
D. 多原子分子　E. 中性分子

42. 下列说法中,错误的是(　　)
A. 色散力存在于所有分子间
B. 在所有含氢化合物的分子间都存在氢键
C. 相同构型的非极性物质的熔点和沸点随相对分子质量的增大而升高
D. 极性分子中一定含有极性键
E. 氢键是一种分子间作用力

43. 下列分子中,其结构形状不呈线形的是(　　)
A. $HgCl_2$　B. $Ag(NH_3)_2^+$　C. CO_2
D. $BeCl_2$　E. H_2O

44. H_2O 比 H_2S 的沸点高的原因是 H_2O 分子间存在(　　)
A. 氢键　B. 诱导力　C. 色散力
D. 取向力　E. 分子间力

45. BF_3分子中,B 原子采取的杂化轨道类型是(　　)
A. 不等性 sp^3　B. 等性 sp^3　C. sp^2
D. sp　E. dsp^2

46. 下列物质中,有共价键的是(　　)
A. NaCl　B. HCl　C. $NaNO_3$
D. Nal　E. Na_2SO_4

47. 原子形成分子时,原子轨道之所以要进行杂化,其原因是(　　)
A. 进行电子重排　B. 增加配对的电子数　C. 增加成键能力
D. 保持共价键的方向性　E. 保持共价键的饱和性

48. 下列各组分子中仅存在色散力和诱导力的是(　　)
A. CO_2和 CCl_4　B. NH_3和 H_2O　C. N_2和 H_2O
D. N_2和 O_2　E. H_2O 和 H_2O

49. HF 比 HCI 的沸点高的原因是 HF 分子间存在(　　)
A. 色散力　B. 诱导力　C. 氢键　D. 取向力　E. 范德华力

50. s 轨道和 p 轨道杂化的类型中错误的是(　　)
A. sp 杂化　B. sp^2杂化　C. sp^3杂化
D. s^2p 杂化　E. sp^3不等性杂化

51. 氢键的特点是(　　)
A. 具有不饱和性　B. 具有饱和性和吸引性　C. 具有方向性

D. 具有饱和性和方向性　　E. 具有双键

52. 下列分子中，中心原子采用的杂化轨道类型错误的是(　　)

A. H_2O 中，O 原子采用 sp^3 不等性杂化

B. NH_3 中，N 原子采用 sp^3 不等性杂化

C. BF_3 中，B 原子采用 sp^2 等性杂化

D. $BeCl_2$ 中，Be 原子采用 sp 杂化

E. CH_4 分子中，C 原子采取的是 sp^3 不等性杂化

53. N_2 分子之间存在的作用力是(　　)

A. 氢键　　B. 取向力　　C. 诱导力　　D. 色散力　　E. B,C,D 都有

54. 下列说法中错误的是(　　)

A. dsp^2 杂化轨道是由某个原子的 1s 轨道、2p 轨道和 3d 轨道混合形成的

B. sp^2 杂化轨道是由某个原子的 2s 轨道和 2p 轨道混合形成的

C. 几条原子轨道杂化时，必形成数目相同的杂化轨道

D. 在 CH_4 分子中，碳原子采用 sp^3 杂化，分子呈正四面体型

E. 杂化轨道的几何构型决定了分子的几何构型

A. 键级 =0　　B. 键级 =0.5　　C. 键级 =1

D. 键级 =2　　E. 键级 =3

55. He 的键级是 (　　)

56. O_2 的键级是(　　)

A. sp 杂化，直线形　　B. sp^2 等性杂化，平面三角形

C. sp^3 不等性杂化，四面体形　　D. sp^3 不等性杂化，V 形

E. sp^3 不等性杂化，三角锥形

57. H_2O 分子中 O 的杂化方式和分子构型是(O 的原子序数 =8)(　　)

58. BCl_3 分子中 B 的杂化方式和分子构型是(B 的原子序数 =5)(　　)

A. $[H \cdot H]^+$　　B. F—F　　C. O　N═N　O

D. H—H　　E. N≡N

59. H_2 的结构式是(　　)

60. 能代表 N_2 抗磁性的结构式是(　　)

A. 邻硝基苯酚　　B. H_2O　　C. NaCl

D. HI　　E. H_2

61. 能形成分子内氢键的是(　　)

62. 能形成分子间氢键的是(　　)

A. HF　　B. HCl　　C. HBr　　D. HI　　E. H_2

63. 分子中键极性最大的是( )
64. 非极性键的分子是( )

A. 120° B. 180° C. 107.3° D. 109.5° E. 105°
65. BF_3的分子中的键角是( )
66. $BeCl_2$分子中的键角是( )

A. 色散力 B. 诱导力,色散力 C. 取向力,诱导力,色散力
D. 取向力,诱导力,色散力,氢键 E. 取向力,诱导力,色散力,配位键
67. 水和 C_6H_6(苯)( )
68. $NH_3 \cdot H_2O$( )

A. AgI B. AgCl C. AgBr
D. 极性分子 E. 非极性分子
69. 在氯化银沉淀中,加入碘化钾溶液,生成的黄色沉淀是( )
70. CO_2是( )

A. 键级 =0 B. 键级 =0.5 C. 键级 =1
D. 键级 =2 E. 键级 =3
71. H_2的键级是( )
72. N_2的键级是( )

A. 氢键 B. 色散力、诱导力 、取向力、氢键 C. 诱导力
D. 配位键 E. 取向力
73. 不是分子间作用力的是( )
74. 分子间作用力包括( )

二、填空题

1. 多原子分子的极性除与______有关外,还与分子的______有关。
2. 双原子分子中,键有极性,分子一定有______。
3. NaCl 和水的混合溶液中,NaCl 和水分子间存在着______力。
4. σ 键是原子轨道______方式重叠。π 键是原子轨道______方式重叠。
5. 分子的极性可用的物理量______判断,当该物理量______0 时,分子有极性;该物理量______0 时,分子无极性(填 > 或 =)。
6. 共价键的特征是有______性和______性。
7. He 和水混合溶液中,He 和 H_2O 分子间存在着______力。
8. I_2和苯的混合溶液中,I_2和 CH_4分子间存在着______力。
9. HBr 与 HBr 的混合溶液中,HBr 与 HBr 分子间存在着______力。

10. HF,HBr,HCl 分子的极性大小顺序为______。
11. 甲醇与水分子的混合溶液中,甲醇与水分子间存在着______力。
12. 键参数有______种,分别为______、______和______。

三、是非题

1. 非极性分子中的化学键都是非极性共价键。( )
2. sp^3杂化轨道是由能量相近的 1 个 s 轨道与 3 个 p 轨道杂化而成的。( )
3. 凡是中心原子采用 sp^3杂化轨道成键的分子,其空间构型都是四面体。( )
4. 氢键既有方向性又有饱和性的一类共价键。( )
5. 一般来说,共价单键是 σ 键,在双键或三键中只有一个 σ 键。( )
6. C 和 H 形成 CH_4时,是 H 原子的 1s 轨道和 C 原子的 3 个 2p 轨道杂化形成 4 个 sp^3杂化成键的。( )
7. 为了有效地组成分子轨道,原子轨道 Ψa 和 Ψb 必须具有相同的对称性,就是必须正号与正号重叠,负号与负号重叠。( )
8. O_2为顺磁性物质,所以 O_2^{2-} 也为顺磁性物质。( )
9. 在同系物 HCl,HBr,HI 中,因 Cl,Br,I 的电负性依次下降,故分子的极性依次减小。( )
10. 分子轨道中有单电子的物质,因电子自旋产生磁矩,有对抗外磁场的作用,故称它们为抗磁性物质。( )
11. 沸点高低顺序为:$H_2O > H_2S > H_2Se > H_2Te$,说明水的沸点反常,这是因为在水分子之间形成氢键的缘故。( )
12. s 电子与 s 电子间形成的键是 σ 键,p 电子 p 电子间形成的是 π 键。( )
13. σ 键的键能大于 π 键的键能。( )
14. CH_4,CO_2和 H_2O 键角依下列次序增大:

$$H—O—H < \angle H—C—H < O—C—O。(\quad)$$

15. BF_3分子是非极性分子,但 B—F 键是极性键。( )
16. 在极性分子之间存在取向力、诱导力和色散力等三种分子间作用力。( )
17. 色散力存在于所有相邻的分子间。( )
18. 离子键的特征是无方向性和饱和性。( )
19. 由极性共价键形成的双原子分子一定是极性分子。( )
20. N_2和 B_2分子均为顺磁性物质。( )
21. s 电子与 s 电子间形成的键是 σ 键,p_X电子 p_X电子间形成的键是 σ 键。( )
22. 邻-硝基苯酚的熔点低于对 - 硝基苯酚。( )
23. 氟分子的化学键比氧分子的化学键弱。( )
24. $AlCl_3$是共价键而 AlF_3是离子键。( )
25. 氧元素与碳元素的电负性相差较大,但 CO 分子的偶极矩极小,CO_2分子的偶极矩为零。( )
26. 氢键将导致物质的熔点和沸点升高。( )
27. 在氟化铯中,键的离子性是百分之百的。( )

四、简答题

1. CO_2分子中,键是极性键,而分子却是非极性分子?
2. 为什么 $CHCl_3$分子是极性分子?
3. 分子轨道是原子轨道遵循哪成键三原则形成的?
4. 为什么 H_2为抗磁性物质?
5. 为什么 CH_4分子是非极性分子?
6. 在气相中 BeF_2是直线型(用杂化轨道理论解释)。
7. 某一化合物的化学式为 AB_2,A 属ⅥA 族,B 属ⅦA 族,A 和 B 在同一周期,它们的电负性值分别为3.5 和4.0。试回答下列问题:AB_2是什么化合物(写出具体化学式)。
8. 成键分子轨道与反键分子轨道的区别。
9. 共价键的形成条件。
10. 化学键有哪几种? 氢键属于化学键吗?

五、问答题

1. 氢键的定义,形成条件,特点是什么? 并回答原因。
2. 氢键的本质是什么? 氢键是化学键吗? 氢键到底是什么力? 为什么?
3. 用分子轨道理论说明为什么 H_2能稳定存在而 He 不能存在?
4. 为什么 O_2为顺磁性物质?
5. 解释 BF_3的偶矩等于零而 NF_3的偶极矩不等于零?
6. 何谓杂化轨道理论的要点。
7. 何谓分子轨道理论的要点。

参 考 答 案

一、选择题

1. A	2. B	3. A	4. B	5. C	6. C	7. A	8. C	9. B	10. A
11. C	12. B	13. A	14. A	15. A	16. D	17. C	18. D	19. D	20. B
21. B	22. D	23. A	24. B	25. C	26. B	27. A	28. D	29. D	30. B
31. B	32. E	33. B	34. A	35. E	36. B	37. C	38. E	39. B	40. E
41. C	42. B	43. E	44. A	45. C	46. B	47. C	48. C	49. C	50. D
51. D	52. E	53. D	54. A	55. A	56. D	57. D	58. B	59. C	60. E
61. A	62. B	63. A	64. E	65. A	66. B	67. B	68. D	69. A	70. E
71. C	72. E	73. D	74. B						

二、填空题

1. 键的极性,空间构型是否对称 2. 极性 3. 取向力,诱导力,色散力 4. 头碰头,肩并肩
5. 分子偶极矩(μ),$\mu>0$,$\mu=0$ 6. 饱和(或方向),方向(或饱和) 7. 诱导力、色散力

8. 色散力 9. 取向力、诱导力、色散力 10. HF > HBr > HCl 11. 色散力取向力、诱导力、氢键 12. 三种、键能、键角、键长

三、是非题

1. × 2. √ 3. × 4. × 5. √ 6. × 7. √ 8. × 9. √ 10. ×
11. √ 12. × 13. √ 14. √ 15. √ 16. √ 17. √ 18. √ 19. √ 20. ×
21. √ 22. √ 23. √ 24. √ 25. √ 26. × 27. ×

四、简答题

1. 答:①CO_2为直线型分子;②2 个 C = O 键均有极性;③但键完全相同, 结构对称,(正电荷中心和负电荷中心都在分子的中心相重合),所以,CO_2分子是非极性分子。
2. 答:因为 $CHCl_3$为四面体:①四个键均有极性;②但键不同;③结构不对称(正,负电荷中心不重合)所以是极性分子。
3. 答:①对称性匹配原则;②能量近似原则;③最大重叠原则。
4. 根据 MO 法可知 H_2的分子轨道排布式为:$\sigma^2 1s$,结构式为 H—H。故 H_2中不存在单电子,即分子轨道上的电子均成对,这种物质具有对抗外磁场的作用,故称抗磁性物质。
5. 答:正四面体,四个 C—H 键均有极性,但键完全相同结构对称,非极性分子(正、负电荷中心重合)。
6. 答:分子的构型与分子的中心原子采用的杂化类型有关气相中,BeF_2是直线型分子,表明 Be 采用两个直线型的等性的 sp 杂化轨道与两个 F 原子成键,故 BeF_2在气相中是直线型分子。
7. 答:电负性值为 4.0 的元素是 F,故 B 为 F 原子,与 F 在同一周期ⅥA 元素应是氧(O),电负性为 3.5,故 A 是氧(O),AB_2分子是 OF_2。
8. 答:由两原子轨道重叠相加组成的分子轨道称成键分子轨道,其轨道上的电子促进成键。由两原子轨道重叠相减组成的分子轨道称反键分子轨道,其轨道上的电子不利于成键。
9. 答:共价键的形成条件:①自旋相反的未成对电子可配对形成共价键。②成键电子的原子轨道尽可能达到最大程度的重叠。重叠越多,体系能量降低越多,所形成的共价键越稳定。以上称最大重叠原理。
10. 答:化学键有三种类型:金属键、离子键、共价键;氢键不属于化学键。

五、问答题

1. 答:氢键的定义:与半径较小,电负性较大的 X 原子以共价键,结合后的 H 原子和另一个半径较小,电负性较大的 Y 原子间的定向引力。表示为 X—H—Y。

   氢键形成条件:

   (1) X—H 中的 X 原子应是半径小,且电负性大的原子(如 F,O,N)

   (2) X—H—Y 中的 Y 原子也是半径小,且电负性大的原子(如:F,O,N)

   氢键的特点:

   (1) 具有饱和性:形成 X—H 后的 H 只能形成一个氢键。

   (2) 具有方向性:以 H 为中心,X,H,Y 这三个原子尽可能成一直线。

2. 答:①氢键的本质:静电作用力(或静电引力)。②氢键不是化学键。原因:氢键的作用力比较小,这种作用力的能量一般在 10 ~ 40kJ · mol^{-1}左右,比化学键弱得多,故氢键不是化学键。③氢键是有方向性和饱和性的分子间作用力。

原因:氢键的作用力在分子间作用力范畴以内,又∵ 氢键的特点是有方向性和饱和性的。

3. 答:根据 MO 法可知:

(1) H_2的分子轨道排布成为:$\sigma^2 1s$ 轨道上有两个电子,在反键的 $\sigma^* 1s$ 轨道上没有电子,故 H_2中有一个 σ 键,结构式为 H—H,键级为 1,所以 H_2能稳定存在。

(2) He_2的分子轨道排布式为:$\sigma^2 1s\sigma^* 1s^2$ He_2中的 4 个电子分别占据成键 $\sigma^2 1s$ 轨道和反键 $\sigma^* 1s^2$,成键作用与反键作用在能量上相互抵消,净成键作用为零,键级为 0。所以 He_2不能存在。

4. 答:根据 MO 法可知 O_2的分子轨道排布式为:$KK\sigma 2s^2\sigma^* 2s^2\sigma 2p_{X^2}\pi 2p_{Y^2}\pi 2p_{Z^2}\pi^* 2p_{Y^1}\pi 2p_{Z^1}$ 故在 O_2的分子轨道($\pi^* 2p_{Y^1}$和 $\pi^* 2p_{Z^1}$)上有两个单电子存在。π 是有一个或多个单电子存在的分子在外磁场的作用下,使其原有的磁感应线方向与外磁场方向相一致,从而产生顺磁性。

5. 答:分子偶极矩 $\mu = 0$ 的分子是非极性分子,$\mu > 0$ 的分子是极性分子。

(1) BF_3:B 采用 sp^2 等性杂化轨道成键,BF_3是平面三角形,键相同,结构对称,是非极性分子,故 $\mu = 0$。

(2) NF_3:N 采用不等性 sp^3 杂化轨道成键,NF_3是三角锥形,键相同但结构不对称,是极性分子,故 $\mu > 0$。

6. 答:杂化轨道理论的要点:

(1) 原子在成键时,同一原子中能量相近的原子轨道可重新组合成杂化轨道。

(2) 参与杂化的原子轨道数等于形成的杂化轨道数。

(3) 杂化改变了原子轨道的形状、方向。杂化使原子的成键能力增加。

7. 答:分子轨道理论的要点:

(1) 分子轨道是由所属原子轨道线性组合而成。由 n 个原子轨道线性组合后可得到 n 个分子轨道。其中包括相同数目的成键分子轨道和反键分子轨道。

(2) 由原子轨道组成分子轨道必须符合对称性匹配、能量近似及轨道最大重叠这三个原则。

(3) 形成分子时,原子轨道上的电子按能量最低原理、保利不相容原理和洪特规则这三原则进入分子轨道。

(孙　莲)

第8章 配位化合物

基本要求

1. 掌握配合物的基本概念。
2. 掌握配合物的组成、特点和命名。
3. 掌握单齿配体、多齿配体、两可配体概念和应用。
4. 掌握配合物的化学键理论的要点。
5. 掌握外轨型、内轨型配合物概念和应用。
6. 掌握高自旋、低自旋配合物概念和应用。
7. 掌握螯合剂、螯合物、螯合效应的概念和应用。
8. 熟悉配离子的配位平衡、配离子稳定常数的意义和应用。
9. 熟悉配位平衡的移动因素。
10. 了解配合物的发展史。
11. 了解配合物的异构现象;不稳定常数的意义。
12. 了解生物体内的配合物和配合物药物。

学习要点

一、配合物的基本概念

1. 配合物　由可以给出孤电子对(或多个不定域电子)的一定数目的离子(分子)与具有可接受孤电子对(或不定域电子)的空位(空轨道)的原子(离子),按一定的组成和空间构型所形成的配合单元所组成的化合物,或者说中心原子和若干配(位)体通过配位键结合而成的化合物。

2. 配合物的组成　形成体(中心离子)、配体、配位原子、配位数(直接与中心原子相配位的配位原子的数目,或者是中心原子所形成的配位键数目)、内界(由中心原子与配体以配位键结合形成的复杂质点,又称配离子)与外界。

3. 配合物的命名　配体数 + 配体名称 + 合 + 中心离子名称 + 氧化数 。配体多种时,一般先简单后复杂,先离子后分子,先无机后有机。同类配体按配位原子元素符号的英文字母顺序。某些常见的配合物可以用简称或俗名。

4. 配合物分类　简单配合物、螯合物及其他(如键合异构、几何异构)。

二、配合物的化学键理论

配合物的化学键理论主要有价键理论、晶体场理论、分子轨道理论等。在这只学习价键理论。

价键理论　中心原子与配体通过配位共价键结合，配体将其孤对电子填入到中心原(离)子的空杂化轨道中，形成配位键。

(1) 中心原子的配位数、配合物的空间构型、磁性和相对稳定性等主要取决于中心原子采用的杂化轨道与配体的情况，取决于杂化轨道的数目及类型。

(2) 内轨型配合物和外轨型配合物：据中心原子所提供杂化轨道类型不同，有两种不同类型的配合物－外轨型和内轨型配合物。

配位原子电负性大，不易给出电子，对中心原子 d 轨道影响小，使用外层空 d 轨道杂化，内层 d 轨道中单电子较多，称为外轨型配合物；反之，配位原子电负性小，中心原子使用内层空 d 轨道杂化，单电子较少，称为内轨型配合物。

对同一中心形成体而言，内轨型配合物较稳定。判断方法：利用中心离子和配位原子的电负性定性判断，利用理论磁矩和实际测定磁矩比较判断。

三、配 位 平 衡

1. 稳定常数 K_s　配合物生成反应的平衡常数。可用 K_s 判断配位反应自发进行的方向，比较同类型配合物的相对稳定性。

2. 配合物稳定性的判断　①中心离子与配体性质的影响；② 螯合效应：在一定条件下螯合物比相应的非螯合物稳定性显著增加的作用。

3. 配位平衡与其他平衡的关系　讨论配位平衡与电离平衡、沉淀平衡、氧化还原平衡、其他配位平衡等的竞争，对反应方向的影响。

强 化 训 练

一、选择题

1. 配合物的内、外界之间的结合力是(　　)
   A. 共价键　B. 氢键　C. 离子键
   D. 配位键　E. 金属键

2. 配合物 $K_2[CaY]$ 的名称和配位数分别为(　　)
   A. EDTA 合钙(Ⅱ)酸钾，1　B. EDTA 和钙(O)酸钾，2　C. EDTA 和钙(Ⅲ)酸钾，4
   D. EDTA 合钙(Ⅱ)酸钾，6　E. EDTA 合钙(Ⅱ)酸钾，3

3. 配离子 $[Cu(en)_2]^{2+}$ 的名称和配位数分别为(　　)
   A. 二(乙二胺)合铜(Ⅱ)，4　B. 二(乙二胺)合铜(Ⅱ)，2　C. 二(乙二胺)合铜(Ⅱ)，6
   D. 二(乙二胺)合铜(Ⅱ)，5　E. 二(乙二胺)合铜(Ⅱ)，3

4. K[$PtCl_3(NH_3)$]的正确命名是(　　)

A. 三氯·氨合铂(Ⅱ)酸钾　B. 一氨·三氯合铂(Ⅱ)酸钾

C. 三氯·氨合铂(O)酸钾　D. 氨·三合铂(Ⅱ)酸钾

E. 三氯·一氨合铂(Ⅱ)酸钾

5. K_4[$Fe(CN)_6$]的正确命名是(　　)

A. 六氰合铁(Ⅱ)酸钾　B. 六氰合铁(Ⅲ)酸钾　C. 六氰合铁(0)酸钾

D. 六氰合铁(Ⅲ)酸钾　E. 六氰合铁(Ⅱ)酸钾

6. 下列配位体中,属于二齿配位体的是(　　)

A. F^-和Cl^-

B. 乙二胺($H_2N—CH_2—CH_2—NH_2$)和草酸根$C_2O_4^{2-}$

C. Br^-和I^-

D. NH_3和H_2O

E. EDTA

7. 属于六齿配位体的是(　　)

A. 乙二胺四乙酸根　B. $C_2O_4^{2-}$　C. $N_2H—CH_2—CH_2—NH_2$

D. CN^-　E. I^-

8. 下列配合物中,配位数为六的螯合物是(　　)

A. $[CaY]^{2-}$　B. $[Cr(H_2O)_6]^{3+}$　C. $[Cr(CN)_6]^{3-}$

D. $[CrF_6]^{3-}$　E. $[FeF_6]^{3-}$

9. 配合物[$Ni(NH_3)_2(C_2O_4)$]中,中心离子 Ni 的电荷数为(　　)

A. +3　B. +2　C. +1　D. 0　E. −1

10. 配位数为四的螯合物是(　　)

A. $[Cu(en)_2]Cl_2$　B. $[Cu(H_2O)_4]Cl_2$　C. $[Cu(NH_3)_4]SO_4$

D. $K_2[Cu(Ac)_4]$　E. $K_2[Cu(EDTA)]$

11. 下列酸根离子都可以作为配位体形成配合物,但最难配到中心离子上的酸根是(　　)

A. SO_4^{2-}　B. ClO_4^-　C. NO_3^-　D. CO_3^{2-}　E. CH_3COO^-

12. 价键理论认为,中心离子与配体之间的结合力正确的说法是(　　)

A. 共价键　B. 离子键　C. 配位键　D. 氢键　E. 金属键

13. $[Ni(NH_3)_6]^{2+}$配离子属于:(已知:Ni:$Z=28$)(　　)

A. 外轨,高自旋　B. 外轨,低自旋　C. 内轨,高自旋

D. 内轨,低自旋　E. 既不是内轨也不是外轨

14. $[Cr(H_2O)_6]^{3+}$配离子属于:(已知:Cr:$Z=24$)(　　)

A. 外轨,高自旋　B. 外轨,低自旋　C. 内轨,高自旋

D. 内轨,低自旋　E. 既不是内轨也不是外轨

15. 实验试为$CoCl_3 \cdot 4NH_3$的某化合物,用过量的$AgNO_3$处理时,1mol $CoCl_3 \cdot 4NH_3$可产生1mol AgCl↓,用一般方法测不出溶液中的NH_3,此化合物的化学式应为(　　)

A. $Co(NH_3)_4Cl_3$　B. $[Co(NH_3)_4]Cl_3$　C. $[Co(NH_3)_4Cl_2]Cl$

D. $[Co(NH_3)_3Cl_3]$　E. $[Co(NH_3)_4]Cl_2$

16. 下列物质中不能做配体的是( )

A. $C_6H_5NH_2$　B. CH_3NH_2　C. NH_4^+　D. NH_3　E. H_2O

17. $[Mn(CN)_6]^{4-}$配离子属于:(已知:Mn:$Z=25$)( )

A. 外轨,高自旋　B. 外轨,低自旋　C. 内轨,高自旋

D. 内轨,低自旋　E. 既不是内轨也不是外轨

18. $[Zn(NH_3)_4]^{2+}$的空间构型和中心离子的杂化轨道类型分别为(已知:Ni:$Z=28$)( )

A. 正四面体形和 sp^3　B. 平面正方形和 dsp^2　C. 八面体形和 sp^3d^2

D. 八面体形和 d^2sp^3　E. 三角双锥形和 dsp^3

19. $[Fe(CN)_6]^{4-}$的空间构型和中心离子的杂化轨道类型分别为(已知 Fe:$Z=26$)( )

A. 四面体形和 sp^3　B. 八面体形和 d^2sp^3　C. 八面体形和 sp^3d^2

D. 正方形和 dsp^2　E. 三角双锥形和 dsp^3

20. 下列配合物中,属于外轨型配合物的是(已知:Fe:$Z=26$,Ni:$Z=28$,Ag:$Z=47$)( )

A. $[Fe(CN_6)]^{3-}$　B. $[Ni(CN)_4]^{2-}$　C. $[Ag(CN)_2]^-$

D. $[Fe(CN_6)]^{4-}$　E. $[Ni(CN)_5]^{3-}$

21. $[Fe(H_2O)_6]^{2+}$的空间构型和中心离子的杂化轨道类型分别为(已知 Fe:$Z=26$)( )

A. 八面体形和 d^2sp^3　B. 八面体形和 sp^3d^2　C. 四面体形和 sp^3

D. 正方形和 dsp^2　E. 三角双矩形和 dsp^3

22. $[Ag(NH_3)_2]^+$的累积稳定常数 β_2是下列哪一反应的平衡常数?( )

A. $Ag^+ + 2NH_3 \rightleftharpoons [Ag(NH_3)_2]^+$　B. $[Ag(NH_3)_2]^+ \rightleftharpoons Ag^+ + 2NH_3$

C. $[Ag(NH_3)_2]^+ \rightleftharpoons [Ag(NH_3)]^+ + NH_3$　D. $[Ag(NH_3)]^+ \rightleftharpoons Ag^+ + NH_3$

E. $Ag^+ + NH_3 \rightleftharpoons [Ag(NH_3)]^+$

23. 配合物的稳定常数 $K_{稳}$与不稳定常数 $K_{不稳定}$的关系是( )

A. $K_{稳} = K_{不稳}$　B. $K_{不稳} > K_{稳}$　C. $K_{稳} = \frac{1}{K_{不稳}}$

D. $K_{稳}$与 $K_{不稳}$之间没有关系　E. $K_{稳}K_{不稳} = 0$

24. 已知下列配离子的累积稳定常数 $\beta_{总}$,$\beta_{2,}$ $Ag(NH_3)_2^+ = 1.1\times10^7$,$\beta_{2,}$ $[Ag(CN)_2]^- = 1.3\times10^{21}$,$\beta_{2,}$ $[Au(CN)_2]^- = 2.0\times10^{38}$,$\beta_{2,}$ $[Cu(en)_2]^{2+} = 4.0\times10^{19}$,$\beta_{2,}$ $[Ag(S_2O_3)_2^{2-}]_3 = 2.88\times10^{13}$问:下列配离子在水溶液中最稳定的是( )

A. $[Ag(NH_3)_2]^+$　B. $[Cu(en)_2]^{2+}$　C. $[Au(CN)_2]^-$

D. $[Ag(CN)_2]^-$　E. $[Ag(S_2O_3)_2]^{3-}$

25. 已知 AgI 的 $K_{sp}=a$,$[Ag(CN)_2]^-$的 $K_{稳}=b$,则下列反应的平衡常数 K 为( )

$AgI(s) + 2CN^- \rightleftharpoons [Ag(CN)_2]^- + I^-$

A. ab　B. $a+b$　C. $a-b$　D. a/b　E. b/a

26. $Na_2S_2O_3$可作为重金属中毒时的解毒剂,这是利用它的( )

A. 还原性　B. 氧化性　C. 配位性

D. 与重金属离子生成难溶物　E. 盐效应

27. Co^{2+}与 SCN^-离子生成蓝色 $Co(SCN)^{2-}$离子,可利用反应检出 Co^{2+};若溶液也含 Fe^{3+},为避免$[Fe(NCS)_n]^{3-n}$离子的红色干扰,可在溶液中加入 NaF,将 Fe^{3+}掩蔽起来,生成

了(　　)

A. 难溶液 FeF_3　　B. 难电离的 FeF_3　　C. 难电离的 $[FeF_6]^{3-}$

D. 难溶的 $Fe(SCN)F_2$　　E. 难溶液 FeF_2

28. 原子形成分子时,原子轨道之所以要进行杂化,其原因是(　　)

A. 进行电子重排　　B. 增加配对的电子数　　C. 增加成键能力

D. 保持共价键的方向性　　E. 不进行电子重排

29. 在 $[Cu(NH_3)_4]^{2+}$ 离子中铜的氧化数和配位数分别是(　　)

A. 0 和 4　　B. +4 和 2　　C. +2 和 8

D. +2 和 4　　E. +4 和 2

30. 在配合物中,中心原子的杂化轨道类型属内轨型的是(　　)

A. sp^3　　B. dsp^2　　C. sp^3d^2　　D. sp　　E. sp^2

31. 在配合物中,中心原子的杂化轨道类型属外轨型的是(　　)

A. dsp^3　　B. sp^3　　C. sp^3d^2　　D. d^2sp^2　　E. 以上都不对

32. EDTA 同中心离子结合生成(　　)

A. 螯合物　　B. 单齿配合物　　C. 多齿配合物

D. 简单配合物　　E. 复合物

33. 某元素的配离子呈八面体结构,该元素的配位数是(　　)

A. 4　　B. 5　　C. 6　　D. 7　　E. 8

34. 下列具有相同配位数的一组配合物是(　　)

A. $[Co(en)_3]Cl_3$, $[Co(en)_3(NO_2)_2]$　　B. $K_2[Co(NCS)_4]$, $K_3[Co(C_2O_4)Cl_2]$

C. $[Pt(NH_3)_2Cl_2]$, $[Pt(en)_2Cl_2]$　　D. $[Cu(H_2O)_2Cl_2]$, $[Ni(en)_2(NO_2)_2]$

E. $[Co(NH_3)_3Cl_3]$, $[Co(NH_3)_4]Cl_2$

35. 下列哪一个化合物中铁为中性原子(　　)

A. $Fe(NO_3)_2$　　B. FeC_2O_4　　C. $[Fe(H_2O)_6]Cl_3$

D. $(NH_4)_2 \cdot FeSO_4 \cdot 6H_2O$　　E. $Fe(CO)_5$

36. $Cu^{2+} + 4NH_3 \rightleftharpoons [Cu(NH_3)_4]^{2+}$ 的配位反应,其 $K_{稳}$ 的表示式是(　　)

A. $\dfrac{[Cu^{2+}][NH_3]^4}{[Cu(NH_3)_4^{2+}]^2}$　　B. $\dfrac{[Cu^{2+}][4NH_3]}{[Cu(NH_3)_4]^2}$　　C. $\dfrac{[Cu(NH_3)_4^{2+}]}{[Cu^{2+}][NH_3]^4}$

D. $\dfrac{[Cu(NH_3)_4]^{2+}}{[Cu^{2+}][4NH_3]}$　　E. $\dfrac{[Cu^{2+}][NH_3]}{[Cu(NH_3)_4]^2}$

37. 下列物质中,能作螯合剂的是(　　)

A. H_2O　　B. $NH_3{}^+$　　C. EDTA

D. $[Cu(NH_3)_4]SO_4$　　E. KI

38. 可使 AgBr 以配离子形式进入溶液的配合剂是(　　)

A. HCl　　B. $Na_2S_2O_3$　　C. KCl

D. $[Cu(NH_3)_4]SO_4$　　E. $NH_3 \cdot H_2O$

39. 凡是中心原子采用 sp^3d^2 杂化轨道成键的分子,其空间构型可能是(　　)

A. 正八面体　　B. 平面正方形　　C. 正四面体

D. 平面三角形　　E. 三角锥形

40. 下列说法正确的是(　　)

A. 配合物由内界和外界两部分组成

B. 只有金属离子才能作为配合物的中心离子

C. 配位体的数目就是中心离子的配位数

D. 配离子的电荷数等于中心离子的电荷数

E. 配离子的几何构型取决于中心离子所采用的杂化轨道类型

41. 已知$[PbCl_2(OH)_2]$为平面正方形结构,其中心原子采用的杂化轨道类型为(　　)

A. sp^3杂化　　B. ds^2p 杂化　　C. dsp^2杂化

D. sp^3d 杂化　　E. d^2sp 杂化

42. 配合物的中心原子轨道杂化时,其轨道必须是(　　)

A. 有单电子的　　B. 能量相近的空轨道　　C. 能量相差大的

D. 同层的　　E. 没有任何要求

43. 已知$[Pt\ Cl_2(NH_3)_2]$为平面四方形 ,其中心离子采用的杂化轨道类型为(　　)

A. sp　　B. sp^2　　C. sp^3

D. dsp^2　　E. sp^3d^2

44. 下列错误的是(　　)

A. $[Ca(C_2O_4)_2]^{2-}$中,Ca^{2+}的配位数是2

B. $[Ag(CN)_2]^-$中,Ag^+的配位数是2

C. $[PtCl_2(CN)_2]$中,Pt^{2+}的配位数是4

D. $[Ag(NH_3)_2]^+$中,Ag^+的配位数是2

E. $[FeF_6]^{3-}$中,Fe^{3+}的配位数是6

45. 下列错误的是(　　)

A. 配合物的形成是逐级的

B. 配合物的离解也是逐级的

C. 最高级的累积稳定常数$\beta_n = K_{稳}$

D. $\beta_n = K_1K_2K_3\cdots K_n$

E. $\beta_n = K_1/K_2/K_3\cdots K_n$

46. 下列说法中错误的是(　　)

A. 中心体和配体是电子论中的酸碱关系

B. 高自旋配合物中单电子数较多

C. 低自旋配合物是单电子数较少的内轨型

D. CN^-作配体的配合物都是内轨型

E. 内轨型配合物比相应的外轨型配合物更稳定

47. 下列说法错误的是(　　)

A. 几个配合物相比,$K_{稳}$值大的,其稳定性也一定最大

B. $[CaY]^{2-}$是螯合物

C. $[Ag(CN)_2]^+$是直线型

D. Ag^+的配合物都是外轨型

E. $Ag(NH_3)_2^+$是直线型

48. 下列哪一种关于螯合作用的说法是不正确的(　　)

A. 有两个配原子或两个以上配原子的配体都可与中心离子形成螯合物

B. 螯合作用的结果将使配合物成环

C. 起螯合作用的配体称为螯合剂

D. 螯合物通常比相同配原子的相应单齿配合物稳定

E. 由于环状结构的生成而使配合物具有特殊稳定性的作用称为螯合效应

49. 下列错误的是(　　)

A. $[Ag(NH_3)_2]^+$中,Ag^+的配位数是2

B. $[Cu(en)_2]^{2+}$中,Cu^{2+}的配位数是2

C. $[CaY]^{2-}$中,Ca^{2+}配位数是6

D. $[Ca(C_2O_4)_2]^{2-}$中,Ca^{2+}配位数是4

E. $[Cr(NH_3)_3(H_2O)_3]Cl_3$,Cr^{3+}的配位数是6

50. 下列说法中错误的是(　　)

A. $[Fe(CO)_5]$中,中心离子是Fe^{3+}　　B. $[Fe(CN)_6]^{3-}$中,中心离子是Fe^{3+}

C. $[FeF_6]^{3-}$中,中心离子是Fe^{3+}　　D. $[Fe(CN)_6]^{4-}$中,中心离子是Fe^{2+}

E. $[Fe(H_2O)_6]^{2+}$中,中心离子是Fe^{2+}

51. 下列说法中错误的是(　　)

A. 配合物中配体数就是配位数

B. 配离子的配位键愈稳定,其稳定常数愈大

C. 配合物的空间构型可由杂化轨道类型确定

D. 外轨型配合物在水中易离解,不稳定

E. 内轨型配合物在水中不易离解,稳定

52. 下列配合物中,配位数不为6的是(　　)

A. $[Fe(en)_2]^{3-}$　　B. $[Ni(EDTA)]^{2-}$　　C. $[Ca(C_2O_4)_3]^{2-}$

D. $[Fe(CN)_6]^{4-}$　　E. $[Ni(NH_3)_2(en)_2]^{2+}$

53. 关于配合物,下列说法错误的是(　　)

A. 配体数目不一定等于配位数　　B. 内界和外界之间是离子键

C. 配合物可以只有内界　　D. 配位数等于配位原子的数目

E. 中心离子与配位原子之间是离子键

54. 下列配位体中, 属于单齿配位体的是(　　)

A. F^-和Cl^-　　B. 乙二胺($H_2N—CH_2—CH_2—NH_2$)　　C. 氨基乙酸根

D. 草酸根($C_2O_4^{2-}$)　　E. EDTA

55. 下列分子中,中心原子以SP^3D^2杂化的是(　　)

A. $[Ag(NH_3)_2]^+$　　B. $[Cu(NH_3)_4]^{2+}$　　C. $[Pt(Cl)_2(NH_3)_2]$

D. $[Fe(H_2O)_6]^{2+}$　　E. $[Zn(CN)_4]^{2-}$

56. $PtCl_4$和氨水反应,生成化合物的化学式为$[Pt(NH_3)_4Cl_4]$。将1mol此化合物用$AgNO_3$处理,得到2molAgCl。试推断配合物内界和外界的组成,其结构式是(　　)

A. $[Pt(NH_3)_4Cl]\ Cl_3$　　B. $[Pt(NH_3)_4Cl_2]\ Cl_2$　　C. $[Pt(NH_3)_4Cl_3]\ Cl$

D. $[Pt(NH_3)_4Cl_4]$　　E. $[Pt(NH_3)_4]Cl_4$

57. $[Pt(NH_3)_4BrCl]^{2+}$配离子中,中心离子的氧化数是(　　)

A. 0　　B. +2　　C. +4　　D. +6　　E. +7

58. 下列各组分子或离子中不属于共轭关系的是(　　)

A. $[Cr(H_2O)_6]^{3+}$和$[Cr(OH)(H_2O)_5]^{2+}$

B. H_2CO_3和CO_3^{2-}　　C. $H_2PO_4^-$和HPO_4^{2-}

D. H_2CO_3和HCO_3^{2-}　　E. HPO_4^{2-}和PO_4^{3-}

59. 将化学组成为$CoCl_3 \cdot 4NH_3$的紫色固体配成溶液,向其中加入足量的$AgNO_3$溶液后,只有1/3的氯从沉淀析出。该化合物的内界含有(　　)

A. 2个Cl^-和1个NH_3　　B. 2个Cl^-和2个NH_3　　C. 2个Cl^-和3个NH_3

D. 2个Cl^-和4个NH_3　　E. 3个Cl^-和1个NH_3

60. 已知下列配离子的累积稳定常数$\beta_{总}$,$\beta_{2,}$ $Ag(NH_3)_2^+ = 1.1 \times 10^7$,

$\beta_{2,}[Ag(CN)_2]^- = 1.3 \times 10^{21}$,$\beta_{2,}[Ni(CN)_2]^- = 2.0 \times 10^{34}$,

$\beta_{2,}[C_0(en)_2]^{2+} = 4.4 \times 10^{10}$,$\beta_{2,}[Ag(S_2O_3)_2]^{3-} = 2.88 \times 10^{13}$,

问:下列配离子在水溶液中最不稳定的是(　　)

A. $[Ag(NH_3)_2]^+$　　B. $[Ag(S_2O_3)_2]^{3-}$　　C. $[Au(CN)_2]^-$

D. $[Ag(CN)_2]^-$　　E. 以上都不是

A. 0　　B. +1　　C. +2　　D. +3　　E. −1

61. $[Fe(CO)_5]$中,中心原子的氧化数是(　　)

62. $[Fe(CN)_6]^{3-}$中心原子的氧化数是(　　)

A. C　　B. O　　C. N　　D. H　　E. S

63. 氰根离子(CN^-)中的配位原子是(　　)

64. 氨分子中的配位原子是(　　)

A. O　　B. N　　C. H　　D. S　　E. C

65. 羰基(CO)中的配位原子是(　　)

66. 异硫氰酸根(NCS^-)中的配位原子是(　　)

A. $H_2N—CH_2—CH_2—NH_2$　　B. H_2Y^{2-}　　C. CN^-

D. F^-　　E. Cl^-

67. 能与Cu^{2+}形成两个五元环配位数为四的配体是(　　)

68. 能与金属离子形成1:1型螯合物,配位数为六的配体是(　　)

A. $[Ag(NH_3)_2]Cl$　　B. $H_2[Zn(CN)_4]$　　C. $H_3[FeBr_6]$

D. $[Cr(H_2O)_6]Cl_3$　　E. $[Cu(H_2O)_4]SO_4$

69. 中心体采用sp杂化的配合物是(　　)

70. 水溶液中酸性较强的配合物是(浓度相同的配合物是)(　　)

A. $K_4[Mn(CN)_6]$　　B. $K_3[FeF_6]$　　C. $[Ag(NH_3)_2]OH$

D. $[Ag(CN)_2]Cl$　　E. $[Ag(SCN)_2]^-$

71. 属于内轨,低自旋的配合物是(　　)
72. 属于外轨,高自旋的配合物是(　　)

A. $[Ni(CN)_4]^{2-}$　　B. $[NiCl_4]^{2-}$　　C. $[FeF_6]^{3-}$

D. $[FeCl_6]^{3-}$　　E. $[Fe(CN)_6]^{3-}$

(Ni:$Z=28$, Fe:$Z=26$)

73. 中心原子采用 dsp^2杂化,配合物为平面四方型的是(　　)
74. 中心原子采用 d^2sp^3杂化,配合物为八四体型的是(　　)

A. $[NaY]^{3-}$的 $K_稳=5.0\times10^1$　　B. $[CuY]^{2-}$的 $K_稳=6.8\times10^{18}$

C. $[NiY]^{2-}$的 $K_稳=4.1\times10^{18}$　　D. $[FeY]^{2-}$的 $K_稳=1.2\times10^{25}$

E. $[CoY]^-$的 $K_稳=1.0\times10^{36}$

(Y^{4-} EDTA 表示的酸根)

75. 稳定性最小的螯合物是(　　)
76. 稳定性最大的螯合物是(　　)

A. Fe^{3+}　　B. CN^-　　C. Fe^{2+}　　D. N　　E. C

77. $[Fe(CN)_6]^{3-}$中,中心离子是(　　)
78. 配位原子是(　　)

A. NH_3　　B. SO_4^{2-}　　C. H　　D. S　　E. N

79. 在 $Zn[(NH_3)_4]SO_4$中 配体是(　　)
80. 外界是(　　)

A. $[Co(NH_3)_6]Cl_2$　　B. $[CoCl(NH_3)_5]Cl_2$　　C. $[Cu(NH_3)_4]SO_4$

D. $[Ni(NH_3)_2(C_2O_4)]$　　E. $Na[Ag(CN)_2]$

81. 中心原子是 Co^{2+}的配合物是(　　)
82. 配位数是二的配合物是(　　)

A. $BeCl_2$　　B. CH_4　　C. BF_3　　D. H_2O　　E. $[PtCl_2(NH_3)_4]$

83. 分子的几何构型是直线型的是(　　)
84. 中心离子采用 dsp^2杂化的分子是(　　)

二、填空题

1. 命名$[Fe(CN)_6]^{4-}$为__________,其中心离子为________,配位原子为________。其配离子的电荷数是________。
2. $[Fe(OH)(H_2O)_5]^{2+}$的共轭酸和共轭碱分别是________和________。

3. 配合物$[Cu(NH_3)_4]SO_4$的内界是________，外界是________，配体是________，配位数是________，配位原子是________，中心离子氧化数________。
4. $[Fe(CN)_6]$中，中心离子采用________杂化轨道成键，形成________构型________轨型________自旋________磁性的配合物。(Fe: $Z=26$)
5. $[FeF_6]^{3-}$中，中心离子采用________杂化轨道成键，形成________构型________轨型________自旋________磁性的配合物。(Fe: $Z=26$)
6. 螯合物是指中心离子与________结合形成的具有________结构的配合物；螯合物一般比________配合物要稳定，其稳定性大小与________和________有关。
7. ________的几种配离子，可根据________直接比较其在水溶液中的稳定性。
8. 形成配键的必要条件是中心离子必须有________，配为原子必须有________。
9. $[Ni(CO)_4]$中的中心离子的氧化值是________，配位体是________，配位原子是________，配位数是________。

三、是非题

1. 两个配合物，其中K_s大的其稳定性一定最大。(　　)
2. $[Ag(NH_3)_2]^+$是四面体形配离子。(　　)
3. $[Mn(CN)_6]^{4-}$的实测磁矩值为1.57B. M，这表明该配离子具有2个单电子。(　　)
4. 中心化合价电子构型为d^6的内轨型八面体配合物一定是低自旋。(　　)
5. NH_3是较好的电子对给予体，BH_3是较差的电子对给予体。(　　)
6. 螯合物的环数越多，螯合物越稳定。(　　)
7. 配合物中中心原子的配位数等于配体数。(　　)
8. 所有配合物都可以分为内界和外界两部分。(　　)
9. CN^-，CO，NO_2^-做配体时，形成的配合物都是内轨型，低自旋的配合物。(　　)
10. $[Zn(CN)_4]^{2-}$配离子中，由于:CN^-对中心离子Zn^{2+}的影响较大，故为内轨型配离子。(Zn:$Z=30$)(　　)
11. 外轨型配合物多为高自旋型配合物，内轨型配合物则为低自旋型配合物。(　　)
12. 有些配体(如:CN^-，NC^-)虽然也具有两个配位原子，但它们与中心离子不能形成螯合物。(　　)
13. $H[Ag(CN)_2]$为配酸，它的酸性比HCN的酸性强。(　　)
14. $HCo(CO)_4]$配合物中，Co的氧化值为－1。(　　)
15. $K_4[Ni(CN)_6]$的正确命名是六氰合镍(Ⅲ)酸钾。(　　)
16. $[Fe(CN)_6]^{4-}$(中心离子Fe采用d^2sp^3杂化)的稳定性大于$[Fe(H_2O)_6]^{2+}$(中心离子Fe采用sp^3d^2杂化)(　　)
17. 可以预见$[Cu(NH_2CH_3COO)_2]$的稳定性一定小于$[Cu(CH_3COO)_4]^{2-}$的稳定性。(　　)
18. 向含有Fe^{3+}的溶液中加入SCN^-，溶液变为血红色，加入铁粉后，溶液的颜色退去。(　　)
19. 中心原子为sp^3d^2和d^2sp^3杂化的配合物的均为八面体构型。(　　)
20. 配位平衡指的是溶液中配离子或多或少地离解为中心离子和配体的离解平衡，且对于某一配位平衡而言，$K_{稳}K_{不稳}=1$。(　　)

21. 配合物中参加杂化的原子轨道是中心原子中能量相近且能量较低的空轨道。(　　)

四、简答题

1. 已知两种钴的配合物具有相同的化学式 $Co(NH_3)_5BrSO_4$,它们之间的区别在于:在第一种配合物的溶液中加 $BaCl_2$时,产生 $BaSO_4$沉淀,但加入 $AgNO_3$时不产生沉淀;而第二种配合物的溶液则于之相反。写出这两种配合物的化学式并指出钴的配位数和配离子的电荷数。
2. 在$[Zn(NH_3)_4]SO_4$溶液中,存在下列平衡:$[Zn(NH_3)_4]^{2+} \rightleftharpoons Zn^{2+} + 4NH_4^+$ 分别向溶液中加入少量下列物质,请判断上述平衡移动的方向。

   (1)稀 HNO_3溶液　(2)$NH_3 \cdot H_2O$　(3)Na_2S 溶液　(4)$ZnSO_4$溶液
3. 什么叫中心原子(或离子)?哪些原子可作中心原子(或离子)?
4. AgCl 沉淀可溶于稀氨溶液,再加入适量 HNO_3酸化,又有 AgCl 沉淀析出。
5. 在 $CuCl_2$溶液中加入适量稀氨溶液,产生淡蓝沉淀,再加入过量稀氨溶液,沉淀消失。
6. 在 $NH_4Fe(SO_4)_2$和 $K_4[Fe(CN)_6]$溶液中,分别加入 KSCN 溶液,前者出现血红色,后者不出现颜色变化。

五、问答题

1. 举例说明螯合物中配位体(螯合剂)的特点是什么?
2. 何谓配位体?何谓单齿配体?多齿配体?举例说明。
3. 举例说明螯合物的特殊稳定性的含义是什么?
4. 写出 Cu^{2+}与 NH_3在水溶液中的逐级配位反应及总稳定常数 $K_{稳}$的表达式;$K_{稳}$与逐级稳定常数 K_i的关系式。
5. 比较下列物质在相同条件下的性质,并说明理由:

   (1) $H[Ag(CN)_2$与 HCN 的酸性。

   (2) $Cu(OH)_2$与$[Cu(NH_3)_4](OH)_2$的溶解度。

   (3) $Fe(CN)_6]^{3-}$与$[FeF_6]^{3-}$的稳定性。
6. 在 $K[Ag(CN)_2]$水溶液中含有哪些离子或分子?为什么?
7. 何谓高自旋型配合物?何谓低自旋型配合物?
8. 在稀 $AgNO_3$溶液中依次加入 NaCl,NH_3,H_2O,KBr,$Na_2S_2O_3$,KI,KCN 和 Na_2S,会导致沉淀和溶解交替产生。请写出各步的化学反应方程式。
9. $[Fe(H_2O)_6]^{4-}$为反磁性,而$[Fe(CN)_6]^{2+}$为顺磁性。

参 考 答 案

一、选择题

1. C	2. D	3. A	4. E	5. A	6. B	7. A	8. A	9. B	10. A
11. B	12. C	13. B	14. D	15. C	16. C	17. D	18. A	19. B	20. C
21. B	22. A	23. C	24. C	25. A	26. C	27. C	28. C	29. D	30. B

31. C 32. A 33. C 34. B 35. E 36. C 37. C 38. B 39. A 40. E
41. C 42. B 43. D 44. A 45. E 46. D 47. A 48. A 49. B 50. A
51. A 52. A 53. E 54. A 55. D 56. B 57. C 58. B 59. D 60. A
61. A 62. D 63. A 64. C 65. E 66. B 67. A 68. B 69. A 70. C
71. A 72. B 73. A 74. E 75. A 76. E 77. A 78. E 79. A 80. B
81. A 82. E 83. A 84. E

二、填空题

1. 六氰合亚铁配离子,Fe^{2+}, C, −4 2. $[Fe(H_2O)_6]^{3+}$, $[Fe(OH)_2(H_2O)_4]^{+}$
3. $[Cu(NH_3)_4]^{2+}$,SO_4^{2-},NH_3,4N,+2,硫酸四氨合铜(Ⅱ) 4. d^2sp^3八面体,内,低,顺
5. sp^3d^2,八面体,外,高,顺 6. 多齿配位体,环状,同类非环状(或相同配原子的非环状),环的大小环的数目 7. 相同类型,稳定常数的大小 8. 空轨道,孤对电子 9. 0,(零),CO,C,4

三、是非题

1. × 2. × 3. × 4. √ 5. √ 6. √ 7. × 8. × 9. × 10. √
11. √ 12. √ 13. √ 14. √ 15. × 16. √ 17. × 18. √ 19. √ 20. √
21. √

四、简答题

1. 答:

配合物	$BaCl_2$	$AgNO_3$	化学式	配位数	配离子
第一种	SO_4^{2-}在外界	Br^-在内界	$[Co(NH_3)_5Br]SO_4$	6	+2
第二种	SO_4^{2-}在内界	Br^-在外界	$[Co(SO_4)(NH_3)_5]Br$	6	+1

2. 答:(1)向右移动;(2)向左移动;(3)向右移动;(4)向左移动
3. 答:中心原子(或离子)的定义:具有接受孤对电子的空轨道的离子或原子。是位于配合物中心位置的形成体。
   中心原子①绝大多数是带正电荷的过渡金属离子或金属原子,②主族元素的金属离子也可做中心原子,③少数高氧化态的非金属元素,如Si(Ⅳ),P(Ⅴ)等也是形成体。
4. 答:AgCl沉淀可溶于稀氨溶液生成了银氨配离子,加酸后NH_3与H^+生成了NH_4^+所以又有AgCl沉淀析出。
5. 答:在$CuCl_2$溶液中加入适量稀氨溶液产生了淡蓝沉淀$Cu(OH)_2$,再加入过量稀氨溶液后,淀消失是生成了深蓝色的$[Cu(NH_3)_4]^{2+}$。
6. 答:前者出现血红色是生成了$[Fe(NCS)_6]^{3-}$,后者不出现颜色变化是没生成$[Fe(NCS)_6]^{3-}$。原因:前者物质中含有Fe^{3+}其与NCS^-生成血红色的$[Fe(NCS)_6]^{3-}$后者物质中含有Fe^{2+}其不与NCS^-生成血红色物质。

五、问答题

1. 答:螯合物中配体(螯合剂)的特点:

(1) 为多齿配体:①每个配体必须具有两个或两个以上可同时参与配位反应的配原子。如乙二胺 $H_2N—CH_2—CH_2—NH_2$ 为二齿配体,有两个可同时与中心体配位的配原子 N。②同一个配体可形成两个或两个以上的配位键。如每个乙二胺可与中心离子形成两个配位键。

(2) 同一配体中,配原子间相隔两个或三个其他原子,从而与中心体形成稳定性很高的五元环或六元环的螯合物(因为这种情况下,环的空间张力小)

2. 答:配位体:含有孤电子对的中性分子或阴离子。如 H_2O, NH_3, X^-, CN^-。它又分为:

(1) 单齿配体:一个配体只含一个配位原子。如 X^-(F^-, Cl^-, Br^-, I^-);H_2O, NH_4^+, CN^-, SCN^-。

(2) 多齿配体:含有多个配位原子的配体。如二齿配体、乙二胺 $H_2N—CH_2—CH_2—NH_2$,六齿配体:EDTA。

3. 答:螯合物的特殊稳定性指的是:

(1) 螯合物的稳定性大于相同配原子的单齿配体形成的配合物。如 $[Cu(en)_2]^{2+}$ 的稳定性 $>[Cu(NH_3)_4]^{2+}$。

(2) 形成的螯合环数越多,其稳定性越大(配体与中心原子不易分开)。

(3) 其中以五元环、六元环最稳定。如:EDTA 与中心体可形成五个五元环,稳定性很高。

4. 答:(1) 逐级配位反应:

一级配位:$Cu^{2+} + NH_3 \rightleftharpoons Cu(NH_3)^{2+}$ K_1

二级配位:$Cu(NH_3)^{2+} + NH_3 \rightleftharpoons Cu(NH_3)_2^{2+}$ K_2

三级配位:$Cu(NH_3)_2^{2+} + NH_3 \rightleftharpoons Cu(NH_3)_3^{2+}$ K_3

四级配位:$Cu(NH_3)_3^{2+} + NH_3 \rightleftharpoons Cu(NH_3)_4^{2+}$ K_4

(2) $K_稳$ 表达式: $$K_稳 = \frac{[Cu(NH_3)_3]^2}{[Cu^{2+}][NH_3]_4}$$

(3) $K_稳$ 与逐级稳定常数 K_i 的关系式:$K_稳 = K_1K_2K_3K_4$

5. 答:(1) 酸性: $H[Ag(CN)_2] > HCN$

原因:由于配合物的内外界之间为离子键,在水中完全离解;$H[Ag(CN)_2] \rightleftharpoons H^+ + [Ag(CN)_2]^-$,故 $H[Ag(CN)_2]$ 为一种强酸而非弱酸。HCN 是弱酸,在水溶液中仅部分离解:

$$HCN \rightleftharpoons H^+ + CN^-$$

(2) 溶解度: $[Cu(NH_3)_4](OH)_2 > Cu(OH)_2$

原因:因 $[Cu(NH_3)_4]^{2+}$ 与 OH^- 之间的作用力为离子键,在强极性水溶剂中溶解度大;Cu^{2+} 与 OH^- 之间已经有一定程度的共价性质,在强极性水溶剂中溶解度必然小。

(3) 稳定性: $[Fe(CN)_6]^{3-} > [FeF_6]^{3-}$

原因:因 $[Fe(CN)_6]^{3-}$ 为内轨型配离子,而 $[FeF_6]^{3-}$ 为外轨型配离子,内轨型配合物稳定性大于外轨型配合物。因为内轨型配合物中 $(n-1)$d 轨道能量小于 nd 轨道能量。

6. 答:$K[Ag(CN)_2]$ 为强电解质,在水溶液中发生如下离解:

$$K[Ag(CN)_2] \rightarrow K^+ + [Ag(CN)_2]^-$$

$[Ag(CN)_2]^-$ 为弱电解质,在水溶液中分步离解:

$$[Ag(CN)_2]^- \rightleftharpoons [Ag(CN)] + CN^-$$

$$[Ag(CN)] \rightleftharpoons Ag^+ + CN^-$$

另外,水溶液中还存在如下的离解平衡:

$$CN^- + H_2O \rightleftharpoons HCN + OH^-$$

$$H_2O \rightleftharpoons H^+ + OH^-$$

故,溶液中含有的离子或分子有:$[Ag(CN)_2]^-$,$[Ag(CN)]$,Ag^+,CN^-,HCN,H^+,OH^-,K^+共八种。

7. 答:(1) 高自旋配合物:中心离子(或原子)含未成对电子数较多,磁矩μ值较大的顺磁性配合物,叫高自旋配合物。外轨型配合物多为高自旋配合物。如$[FeF_6]^{3-}$

(2) 低自旋配合物:中心离子(或原子)含未成对电子数较少,磁矩μ值较低的配合物,叫低自旋配合物。内轨型配合物则为低自旋配合物。如$[Fe(CN)_6]^{3-}$。

8. 答:

$$Ag^+ + Cl^- \rightleftharpoons AgCl\downarrow + NO_3^-$$

$$AgCl_{(s)}\downarrow + 2\,NH_3 \rightleftharpoons [Ag(NH_3)_2]^+ + Cl^-$$

$$Ag(NH_3)_2^+ + Br^- \rightleftharpoons AgBr\downarrow + 2\,NH_3$$

$$AgBr_{(s)}\downarrow + 2S_2O_3^{2-} \rightleftharpoons [Ag(S_2O_3^{2-})_2]^{3-} + Br^-$$

$$[Ag(S_2O_3^{2-})_2]^{3+} + I^- \rightleftharpoons AgI\downarrow + 2S_2O_3^{2-}$$

$$AgI_{(s)}\downarrow + 2CN^- \rightleftharpoons [Ag(CN)_2]^- + I^-$$

$$2[Ag(CN)_2]^- + S^{2-} \rightleftharpoons Ag_2S_{(s)} + 4\,CN^-$$

9. 答:价键理论:在$[Fe(H_2O)_6]^{2+}$中,水中的配位原子为电负性较大的O,不易给出电子对,对Fe^{2+}的d电子排布影响小;中心原子Fe(Ⅱ)的价电子构型为d^6,没有空d轨道,只能用外层d轨道形成sp^3d^2杂化,外轨型,有4个单电子,高自旋;在$[Fe(CN)_6]^{4-}$中,CN^-的配位原子为电负性较小的C,易给出电子对,对Fe^{2+}的d电子排布影响大,Fe^{2+}的6个单电子被挤到到3个d轨道,空出2个d轨道,可用内层d轨道形成d^2sp^3,内轨型,无单子,反磁性。

(海力茜·陶尔大洪)

模拟试题及参考答案

试　题　一

（总分100分，后同）

一、选择题（每题1分，共60分）

A_1，A_2 型题答题说明：每题均有A，B，C，D，E五个备选答案，其中有且只有一个正确答案。

1. 欲配制pH =5的缓冲溶液，应选用哪种共轭酸碱对较为合适（　　）

A. NaH_2PO_4-Na_2HPO_4（pK_a，$H_2PO_4^-$ =7.21）

B. $NaHCO_3$-Na_2CO_3（pK_a，HCO_3^- =10.25）

C. $NH_3 \cdot H_2O$-NH_4Cl（pK_a，NH_4^+ =9.25）

D. HAc-NaAc（pK_a，HAc =4.75）

E. HCOOH-HCOONa（pK_a，HCOOH =3.77）

2. NH_4Ac 在水中存在如下平衡

$NH_3 + H_2O \rightleftharpoons NH_4^+ + OH^-$　K_1　$NH_4^+ + Ac^- \rightleftharpoons NH_3 + HAc$　K_2

$2H_2O \rightleftharpoons OH^- + H_3O^+$　K_3　$HAc + H_2O \rightleftharpoons Ac^- + H_3O^+$　K_4

这四个反应的平衡常数之间的关系是（　　）

A. $K_3 = K_1K_2K_4$　B. $K_4 = K_1K_2K_3$　C. $K_3K_4 = K_1K_2$

D. $K_1K_4 = K_2K_3$　E. $K_3 = (K_1K_2)/K_4$

3. 计算弱酸的电离常数，通常用电离平衡时的平衡浓度而不用活度，这是因为（　　）

A. 活度即浓度　B. 稀溶液中误差很小　C. 活度与浓度成正比

D. 活度无法测定　E. 稀溶液中误差很大

4. 经测定强电解质溶液的电离度总达不到100%，其原因是（　　）

A. 电解质不纯　B. 电解质与溶剂有作用　C. 有离子氛和离子对存在

D. 电解质没有全部电离　E. 电解质很纯

5. 既是路易斯碱又是布朗斯台德碱的物质是（　　）

A. Cu^{2+}　B. NH_3　C. HAc　D. HCN　E. Ag^+

6. 沉淀生成的必要条件是（　　）

A. $Q_C = K_{sp}$　B. $Q_C < K_{sp}$　C. 保持 Q_C 不变

D. $Q_C > K_{sp}$　E. 温度高

7. 稀溶液依数性的本质是（　　）

A. 渗透压　B. 沸点升高　C. 蒸气压降低

D. 凝固点降低　E. 蒸气压上升

8. 在多电子原子中，决定电子能量的量子数为（　　）

A. n　　B. n 和 l　　C. n, l 和 m　　D. l　　E. n 和 m

9. 下列叙述错误的是(　　)

A. $[H^+]$越大,酸性越强,溶液的 pH 越大

B. 若$[H^+]=[OH^-]$,则溶液为中性

C. 若 pH = 1,则表示溶液中的$[H^+]=0.1mol \cdot L^{-1}$

D. 若$[OH^-]<10^{-7}mol \cdot L^{-1}$,则溶液显酸性

E. 溶液中$[H^+]$越大,则$[OH^-]$越小

10. HF 比 HI 的沸点高的原因是 HF 分子间存在(　　)

A. 氢键　　B. 诱导力　　C. 色散力　　D. 取向力　　E. 分子间力

11. 下列哪个因素不影响配位平衡移动(　　)

A. 沉淀平衡　　B. 溶液的 pH　　C. 氧化还原平衡

D. 催化剂　　E. 增大中心原子浓度

12. 下列能与中心离子形成五圆环的螯合剂是(　　)

A. H_2O　　B. ClO_4^-　　C. F^-　　D. NCS^-　　E. EDTA

13. 决定电子运动状态的量子数是(　　)

A. n　　B. n ,l　　C. n ,l ,m

D. n ,l ,m ,m_s　　E. l,m

14. AgCl 的溶解度为 S $mol \cdot L^{-1}$。则 AgCl 的 $K_{sp}=$(　　)

A. S^2　　B. $4S^3$　　C. S^3　　D. $2S^3$　　E. $5S$

15. 量子力学中所说的原子轨道是指(　　)

A. 波函数 Ψ　　B. 波函数 Ψ 绝对值的平方　　C. 电子云

D. 电子的运动轨迹　　E. 原子的运动轨迹

16. 下列哪一系列的排列顺序正好是电负性逐次减小的(　　)

A. K > Na > Li　　B. F > O > Cl　　C. B > C > N

D. O > F > N　　E. C > K > N

17. 配合物的中心原子轨道杂化时,其轨道必须是(　　)

A. 有单电子的　　B. 能量相近的空轨道　　C. 能量相差大的

D. 同层的　　E. 没有任何要求

18. CH_4分子中,C 原子采取的杂化是(　　)

A. 不等性 sp^3　　B. 等性 sp^3　　C. sp^2

D. sp　　E. dsp^2

19. HgS 溶解在王水中的最主要原因是(　　)

A. 王水能产生 Cl^-　　B. 王水能产生 NOCl

C. 王水的酸性强

D. 生成了$[HgCl_4]^{2-}$,S 单质和 NO

E. 王水的氧化性强

20. Cl^-,Br^-,I^- 都与 Ag^+ 生成难溶性银盐,当混合溶液中上述三种离子的浓度都是 $0.01mol \cdot L^{-1}$ 时,加入 $AgNO_3$ 溶液,则他们的难溶物析出沉淀的先后次序是

($K_{sp,AgCl=1.77\times10^{-10}}$,$K_{sp,AgBr=5.35\times10^{-13}}$,$K_{sp,AgI=8.52\times10^{-17}}$)(　　)

A. AgCl,AgBr,AgI　　B. AgBr,AgCl,AgI　　C. AgI,AgCl,AgBr

D. AgBr,AgI,AgCl　　E. AgI,AgBr,AgCl

21. 在氨水中易溶解的难溶物质是(　　)

A. AgI　　B. AgCl　　C. AgBr

D. AgCl 和 AgI　　E. AgI 和 AgBr

22. 对于同一类型的难溶电解质,在一定温度下,下列说法正确的是(　　)

A. K_{sp}越大则溶解度越小　　B. K_{sp}越大则溶解度越大　　C. K_{sp}越小则溶解度越大

D. K_{sp}越小则溶解度越小　　E. B 和 D 均正确

23. 已知$[Pt\,Cl_2(NH_3)_2]$为平面四方形结构,其中心离子采用的杂化轨道类型为(　　)

A. sp　　B. sp^2　　C. sp^3　　D. dsp^2　　E. sp^3d^2

24. 在反应 $A+B \rightleftharpoons C+D$ 中,开始时只有 A,B,经过长时间,最终结果是(　　)

A. C 和 D 浓度大于 A 和 B　　B. A 和 B 浓度大于 C 和 D

C. A,B,C,D 浓度不再变化　　D. A,B,C,D 分子不再反应

E. A,B,C,D 浓度还在变化

25. 在含有 Cl^- 和 I^- 离子的混合溶液中,为使 I^- 氧化为 I_2,而 Cl^- 不被氧化,应选择哪种氧化剂($E^\ominus_{MnO_4^-/Mn^{2+}}=1.507V$,$E^\ominus_{Fe^{3+}/Fe^{2+}}=0.771V$,$E^\ominus_{I_2/I^-}=0.536V$,$E^\ominus_{Cl_2/Cl^-}=1.358V$)(　　)

A. MnO_4^-　　B. Fe^{3+}　　C. Fe^{3+}和MnO_4^-均可

D. Fe^{2+}　　E. Mn^{2+}

26. 标态下,氧化还原反应正向自发进行的判据是(　　)

A. $E_{池}>0$　　B. $E^\ominus_{池}>0$　　C. $E_{池}<0$

D. $E^\ominus_{池}<0$　　E. $E^\ominus_{池}=0$

27. 下列物质中最强的还原剂是(　　)

A. Zn($E^\ominus_{Zn^{2+}/Zn}=-0.762V$)　　B. H_2($E^\ominus_{H^+/H_2}=0.000V$)

C. Cl^-($E^\ominus_{Cl_2/Cl^-}=1.358V$)　　D. Br^-($E^\ominus_{Br_2/Br^-}=1.087V$)

E. I^-($E^\ominus_{I_2/I^-}=0.536V$)

28. 氧化还原反应的平衡常数 K 是化学平衡常数,因此,关于 K 值描述正确的是(　　)

A. 与温度无关　　B. K 值越大反应进行的慢　　C. 与温度有关

D. K 值越大反应进行的越快　　E. 与浓度有关

29. 今有一电池:(−)Pt | $H_2(P^\ominus)$ | $H^+(1mol\cdot L^{-1})$ ‖ $Cu^{2+}(1mol\cdot L^{-1})$ | $Cu_{(s)}$(+),负极是(　　)

A. Cu^{2+}　　B. H^+/H_2　　C. Cu^{2+}/Cu　　D. Cu　　E. H_2

30. 在非标态下,氧化还原反应正向自发进行的判据是(　　)

A. $E^\ominus_{池}>0$　　B. $E^\ominus_{池}<0$　　C. $E_{池}>0$　　D. $E_{池}<0$　　E. $E_{池}=0$

31. $KMnO_4$在中性或弱碱性介质中的还原产物是(　　)

A. Mn^{2+}　　B. Mn^{3+}　　C. MnO_2沉淀　　D. MnO_4^{2-}　　E. Mn

32. 溶液的 H^+ 浓度增大,下列氧化剂中氧化性增强的物质是(　　)

A. Cl_2　B. Fe^{3+}　C. Sn^{4+}　D. I_2　E. MnO_4^-

33. 已知电对 Cl_2/Cl^-, Br_2/Br^-, I_2/I^- 的 $E^\ominus$ 值依次减小,下列错误的是(　　)

A. Cl_2 的氧化性相对最强　B. Br_2 的氧化性次于 Cl_2

C. I_2 的氧化性次于 Br_2　D. Cl^-, Br^-, I^- 的还原性依次减弱

E. Cl^-, Br^-, I^- 的还原性依次增强

34. 电极反应 $MnO_4^- + 5e + 8H^+ \rightleftharpoons Mn^{2+} + 4H_2O$ 中,还原态物质是(　　)

A. MnO_4^-　B. H^+　C. H_2O

D. Mn^{2+}　E. Mn^{2+} 和 MnO_4^-

35. 氮原子的价电子构型为 $2s^22p^3$,其 2p 轨道上的 3 个电子正确排布为(　　)

A. ↑↓↓　B. ↑↑↓　C. ↑↓↑　D. ↓↑↑　E. ↑↑↑

36. 下列说法错误的是(　　)

A. 氢键是一种化学键　B. 氢键有方向性和饱和性

C. 水分子间有氢键　D. 氢键是有方向性的分子间作用力

E. 氢键是分子间作用力

37. 分子的偶极矩 μ 值都为 0 的非极性分子是(　　)

A. CO_2, H_2O , NH_3　B. CO_2, BF_3, CCl_4 C. H_2O, CO, CO_2

D. HF, HCl, Hl　E. H_2O, BF_3, $CHCl_3$

38. 分子的偶极矩 μ 值都大于 0 的极性分子是(　　)

A. H_2O, NH_3, HCl　B. H_2, O_2, N_2C. F_2, Cl_2, Br_2　C. F_2, Cl_2, Br_2

D. HNO_3, CCl_4, O_2　E. CO_2, BF_3, CH_4

39. 下列各组分子间能形成分子间氢键的是(　　)

A. He 和 H_2O　B. H_2O 和 CH_3OHC. N_2 和 H_2

D. O_2 和 H_2　E. H_2 和 He

40. 现代价键理论 VB 法认为形成共价键的首要条件是(　　)

A. 两原子只要有成单的价电子就能配对成键

B. 成键电子的自旋相同的未成对的价电子互相配对成键

C. 成键电子的自旋相反的未成对价电子相互接近时配对成键,形成稳定的共价键

D. 成键电子的原子轨道重叠越少,才能形成稳定的共价键

E. 共价键是有饱和性和方向性的

41. 下列各组量子数(n, l, m)不可能存在的是(　　)

A. 3,2,0　B. 3,2,2　C. 3,1,1　D. 3,3,1　E. 3,0,0

42. 下列分子中,键角最大的是(　　)

A. H_2O　B. NH_3　C. BF_3　D. CH_4　E. $BeCl_2$

43. 下列分子中有顺磁性的物质是(　　)

A. H_2　B. F_2　C. N_2　D. O_2　E. He

44. 下列分子中键级为 0 的是(　　)

A. H_2^+　B. N_2　C. H_2　D. F_2　E. He_2

45. 配合物的内界与外界之间的结合力是(　　)

A. 共价键　B. 氢键　C. 离子键　D. 配位键　E. 肽键

46. $K_3[Fe(CN)_6]$的正确命名是(　　)

A. 六氰合铁(Ⅲ)酸钾　B. 六氰合铁(Ⅱ)酸钾

C. 6 氰合铁(Ⅱ)酸钾　D. 6 氰合铁(Ⅲ)酸钾

E. 5 氰合铁(Ⅲ)酸钾

47. 下列配位体中,属于二齿配位体的是(　　)

A. F^-和Cl^-

B. 乙二胺($H_2N—CH_2—CH_2—NH_2$)和草酸根$C_2O_4^{2-}$

C. Br^-和I^-　D. NH_3和H_2O　E. EDTA

48. 价键理论认为,中心离子与配体之间的结合力正确的说法是(　　)

A. 共价键　B. 离子键　C. 配位键　D. 氢键　E. 金属键

49. 下列错误的是(　　)

A. $[Cu(en)_3]^{2+}$中,Cu^{2+}的配位数是 3　B. $[Ag(CN)_2]^-$中,Ag^+的配位数是 2

C. $[PtCl_2(NH_3)_2]$中,Pt^{2+}的配位数是 4　D. $[Ag(NH_3)_2]^+$中,Ag^+的配位数是 2

E. $[FeF_6]^{3-}$中,Fe^{3+}的配位数是 6

50. 基态$_{24}Cr$原子的核外电子排布式及价电子构型均正确的是(　　)

A. Ar　$3d^44s^2$,$3d^44s^2$　B. Ar　$3s^23d^5$,$3s^23d^5$　C. Ar　$3s^23d^3$,$3s^23d^3$

D. Ar　$3d^54s^1$,$3d^54s^1$　E. $3d^54s^1$

配伍题 B_1 型题答题说明:A,B,C,D,E 是备选答案,下面是两道考题。答题时,对每道考题从备选答案中选择一个正确答案,每个备选答案可选择一次或一次以上,也可一次不选。

A. H_2O　B. NH_3　C. $H_2PO_4^-$　D. HPO_4^{2-}　E. PO_4^{3-}

51. OH^-的共轭酸是(　　)

52. $H_2PO_4^-$的共轭碱是(　　)

A. $AgNO_3$　B. H_2O　C. KCl　D. HCN　E. HAc

53. 在含有 AgBr 沉淀的溶液中能产生同离子效应的物质是(　　)

54. 在含有Ag_2CrO_4沉淀的溶液中能产生盐效应的物质是(　　)

A. Fe^{3+}　B. CN^-　C. Fe^{2+}　D. N　E. C

55. $[Fe(CN)_6]^{3-}$中,中心离子是(　　)

56. 配位原子是(　　)

A. $I=\frac{1}{2}\sum C_iZ_i^2$　(C_i是离子浓度,Z_i是该离子的电荷数)　B. $I=\sum C_iZ_i^2$

C. $C=\frac{n_B}{V}$　D. $a_i=r_iC_i$　E. $a_i=C_i$

57. 计算强电解质溶液中离子强度 I 的公式是(　　)

58. 计算强电解质溶液中离子活度 a 的公式是(　　)

A. 0.02 $mol \cdot L^{-1}$ HCl 和 0.02 $mol \cdot L^{-1}$ $NH_3 \cdot H_2O$
B. 0.5 $mol \cdot L^{-1}$ $H_2PO_4^-$ 和 0.5 $mol \cdot L^{-1}$ HPO_4^{2-}
C. 0.5 $mol \cdot L^{-1}$ $H_2PO_4^-$ 和 0.2 $mol \cdot L^{-1}$ HPO_4^{2-}
D. 0.1 $mol \cdot L^{-1}$ $H_2PO_4^-$ 和 0.1 $mol \cdot L^{-1}$ HPO_4^{2-}
E. 0.05 $mol \cdot L^{-1}$ $H_2PO_4^-$ 和 0.05 $mol \cdot L^{-1}$ HPO_4^{2-}

59. 上述浓度的混合溶液中,无缓冲作用的是(　　)
60. 上述浓度的混合溶液中,缓冲能力最大的是(　　)

二、判断题(每题 1 分,共 10 分)

1. 总压力的改变对那些反应前后计量系数不变的气相反应的平衡没有影响。(　　)
2. 溶液中各溶质与溶剂的摩尔分数之和为 1 。(　　)
3. 主量子数为 4 时,有 4s,4p,4d,4f 四个原子轨道。(　　)
4. 一般来说,共价单键是 σ 键,在双键或三键中只有一个 σ 键。(　　)
5. 平衡常数关系式仅使用于平衡体系。(　　)
6. 沉淀的转化时专指 K_{sp} 大的沉淀转变成 K_{sp} 小的沉淀而言的。(　　)
7. 两个配合物,其中 $K_{稳}$ 大的稳定性一定最大。(　　)
8. 外轨型配合物多为高自旋配合物,内轨型配合物则为低自旋配合物。(　　)
9. N 的第一电离能比 O 的大。(　　)
10. 0.1 $mol \cdot L^{-1}$ HAc 与 0.1 $mol \cdot L^{-1}$ HCl 的氢离子浓度相等。(　　)

三、填空题(每空 1 分,共 10 分)

1. 计算一元弱碱溶液中$[OH^-]$的最简公式是________使用的条件为________。
2. 歧化反应发生的条件是____________和____________。
3. 已知 $K_{a,HAc}=1.76\times10^{-5}$ $K_{a,H_2S}=9.10\times10^{-8}$ $K_{a,H_3PO_4}=7.52\times10^{-3}$,写出相应共轭碱在水溶液中相对强弱次序____________。
4. 反应 $3Fe(s)+4H_2O(g) \rightleftharpoons Fe_3O_4(s)+4H_2(g)$ 的 K_p 表达式为____________。
5. H_2O 分子的几何构型为____________。
6. 产生渗透现象的两个必要条件____________和____________。
7. $n=3, l=2$ 所表示的亚层名称是____________。

四、简答题(每题 2.5 分,共 5 分)

1. 下列硼元素的基态原子电子组态中,违背了哪个原理?写出它的正确电子组态。
   $_5B$　$1s^22s^3$
2. 为什么 $CHCl_3$ 分子是极性分子?

五、计算题(每题 5 分,共 15 分)

1. 计算 0.10 $mol \cdot L^{-1}$ HAc50ml 和 0.10 $mol \cdot L^{-1}$ NaAc50ml 相混合后溶液的 pH(已知 HAc

的 $pK_a=4.75$);(1) 指出该缓冲溶液中的抗酸成分? 抗碱成分?;(2) 计算该缓冲溶液中的 pH?

2. 电极反应:$Cr_2O_7^{2-}+14H^++6e \rightleftharpoons 2Cr^{3+}+7H_2O$,已知:298K: $E_A^\ominus\ Cr_2O_7^{2-}/Cr^{3+}=1.232V$,$CCr_2O_7^{2-}=1mol\cdot L^{-1}$,pH=2,$C_{Cr^{3+}}=1mol\cdot L^{-1}$,求算 $E_A Cr_2O_7^{2-}/Cr^{3+}$?

3. 硼酸 H_3BO_3在水溶液中释放质子的过程为:$B(OH)_3+H_2O \rightleftharpoons B(OH)_4^-+H^+$,故为一元弱酸,已知 $K_a=5.8\times10^{-10}$,求 0.10mol·L^{-1} H_3BO_3溶液的$[H^+]$,pH 及电离度。

试题一参考答案

一、选择题

1. D	2. A	3. B	4. C	5. B	6. D	7. C	8. B	9. A	10. A
11. D	12. E	13. D	14. A	15. A	16. B	17. B	18. B	19. D	20. E
21. B	22. E	23. D	24. C	25. B	26. B	27. A	28. C	29. B	30. C
31. C	32. E	33. D	34. D	35. E	36. A	37. B	38. A	39. B	40. C
41. D	42. E	43. D	44. E	45. C	46. A	47. B	48. C	49. A	50. D
51. A	52. D	53. A	54. C	55. A	56. E	57. A	58. D	59. A	60. B

二、判断题

1. √ 2. √ 3. × 4. √ 5. √ 6. × 7. × 8. √ 9. √ 10. ×

三、填空题

1. $\sqrt{K_bC}$,$\frac{C}{K_b}\geqslant500$ 2. 有中间氧化数,$E^\ominus_{右}>E^\ominus_{左}$ 3. $HS^->Ac^->H_2PO_4^-$ 4. $\frac{[P_{H_2}]^4}{[P_{H_2O}]^4}$

5. V形 6. 半透膜的存在,半透膜两侧有浓度差(或膜两侧单位体积内溶剂分子不相等)

7. 3d

四、简答题

1. 答:①违背了保利不相容原理(1 分);②正确电子组态:$1s^22s^22p^1$ (1.5 分)。

2. 答:因为 $CHCl_3$为四面体,(1 分):①四个键均有极性,(0.5 分)②但键不同;(0.5 分)③结构不对称(正,负电荷中心不重合)所以是极性分子。 (0.5 分)

五、计算题

1. 解:(1)抗酸成分:Ac^-(0.5 分),抗碱成分: HAc (0.5 分)

(2) $$pH=pK_a+\lg\frac{C_{其轭碱}}{C_{弱酸}}$$ (1 分)

所以, $$pH=4.75+\lg\frac{C_{Ac^-}}{C_{HAc}}=4.75+\lg\frac{\frac{0.1\times50}{100}}{\frac{0.1\times50}{100}}=4.75$$ (3 分)

2. 解：$T=298K$，$Cr_2O_7^{2-}+14H^++6e \rightleftharpoons 2Cr^{3+}+7H_2O$，pH=2，$C_{H^+}=0.01mol\cdot L^{-1}$

(1) 用能斯特方程：$E=E^\ominus+\frac{0.059}{n}\lg\frac{C_{OX}^a}{C_{Red}^b}\lg$ （1分）

(2) $E_{Cr_2O_7^{2-}/Cr^{3+}}=E^\ominus_{Cr_2O_7^{2-}/Cr^{3+}}+\frac{0.059}{6}\lg\frac{C_{Cr_2O_7^{2-}}\cdot C_{H^+}^{14}}{C_{Cr^{3+}}^2}$ （2分）

(3) $=1.232+\frac{0.059}{6}\lg\frac{1\times(0.01)^{14}}{1^2}=1.232-0.275=0.957(V)$ （2分）

3. 解：已知 $C=0.10mol\cdot L^{-1}$，$K_{a,\ H_3BO_3}=5.8\times10^{-10}$

(1) 因 $\frac{C}{K_a}\geqslant 500$ （0.5分）

(2) $=0.1/5.8\times10^{-10}=1.72\times10^{8}\gg 500$， （0.5分）

故可用最简式计算：

(3) $[H^+]=\sqrt{K_aC}$ （0.5分）

(4) $=\sqrt{5.8\times10^{-10}\times0.1}=0.76\times10^{-5}(mol\cdot L^{-1})$ （1.5分）

(5) $pH=-\lg[H^+]$ （0.5分）

$=-\lg(0.76\times10^{-5})=5.12$ （1.5分）

试 题 二

一、选择题（每题1分，共60分）

A₁，A₂ 型题答题说明：每题均有A，B，C，D，E五个备选答案，其中有且只有一个正确答案，将其选出。

1. 向饱和 $BaSO_4$ 溶液中加水，下列叙述正确的是（　　）

A. $BaSO_4$ 的溶解度、K_{sp} 均不变　B. $BaSO_4$ 的溶解度、K_{sp} 增大

C. $BaSO_4$ 的溶解度不变、K_{sp} 增大　D. $BaSO_4$ 的溶解度增大、K_{sp} 不变

E. $BaSO_4$ 的溶解度减小、K_{sp} 不变

2. 关于溶剂的凝固点降低常数，下列哪一种说法是正确的（　　）

A. 只与溶质的性质有关

B. 只与溶剂的性质有关

C. 只与溶质的浓度有关

D. 是溶质的质量摩尔浓度为 1 $mol\cdot kg^{-1}$ 时的实验值

E. 是溶质的物质的量浓度为 1 $mol\cdot kg^{-1}$ 时的实验值

3. 已知 Ba^{2+} 的活度系数 $r=0.24$，则 $0.050mol\cdot L^{-1}\ Ba^{2+}$ 的活度 a 为（　　）

A. $0.012mol\cdot L^{-1}$　B. $0.014mol\cdot L^{-1}$　C. $0.016mol\cdot L^{-1}$

D. $0.050mol\cdot L^{-1}$　E. $0.013\ mol\cdot L^{-1}$

4. 有葡萄糖（$C_6H_{12}O_6$）、氯化钠（NaCl）、氯化钙（$BaCl_2$）三种溶液，它们的浓度均为

$0.1mol \cdot L^{-1}$,按渗透压由低到高的排列顺序是(　　)

A. $BaCl_2 < NaCl < C_6H_{12}O_6$　　B. $C_6H_{12}O_6 < NaCl < BaCl_2$　　C. $NaCl < C_6H_{12}O_6 < BaCl_2$

D. $C_6H_{12}O_6 < BaCl_2 < NaCl$　　E. $C_6H_{12}O_6 = NaCl = BaCl_2$

5. 当气态的 SO_2,SO_3,NO,NO_2,O_2在一个反应器里共存时,至少会有以下反应存在:

$SO_2(g) + NO_2(g) \rightleftharpoons SO_3(g) + NO(g)$　K_{P_1}

$NO_2(g) \rightleftharpoons NO(g) + 1/2O_2(g)$　K_{P_2}

$SO_2(g) + 1/2O_2(g) \rightleftharpoons SO_3(g)$　K_{P_3}

这三个反应的压力平衡常数之间的关系是(　　)

A. $K_{P_1}K_{P_3} = K_{P_2}$　　B. $K_{P_1} = K_{P_3}K_{P_2}$　　C. $K_{P_3} = K_{P_1}K_{P_2}$

D. $K_{P_1} = K_{P_2}/K_{P_3}$　　E. $K_{P_3} = K_{P_1}/K_{P_2}$

6. 氯气和氢气反应: $H_2(g) + Cl_2(g) \rightleftharpoons 2HCl(g)$,在 298K 下,$K_C = 4.4 \times 10^{32}$这个极大的K_C值说明该反应是(　　)

A. 逆向进行的趋势大　　B. 正反应进行的程度大　　C. 逆向不发生

D. 正向进行的程度不大　　E. 正向不发生

7. 对化学反应平衡常数的数值(指同一种表示法)有影响的最主要因素是 (　　)

A. 反应物质的浓度　　B. 体系的温度　　C. 体系的总压力

D. 实验测定的方法　　E. 反应物质的分压

8. 已知温度下,$K_{a,HAc} = 1.76 \times 10^{-5}$,$K_{a,HCN} = 4.93 \times 10^{-10}$,则下列碱的碱性强弱次序为(　　)

A. $Ac^- > CN^-$　　B. $Ac^- = CN^-$　　C. $Ac^- < CN^-$

D. $Ac^- \gg CN^-$　　E. $Ac^- \ll CN^-$

9. 在可逆反应:$HCO_3^-(aq) + OH^-(aq) \rightleftharpoons CO_3^{2-}(aq) + H_2O(L)$中,正逆反应中的布朗斯台德酸分别是(　　)

A. HCO_3^- 和 CO_3^{2-}　　B. HCO_3^- 和 H_2O　　C. OH^- 和 H_2O

D. OH^- 和 CO_3^{2-}　　E. H_2O 和 CO_3^{2-}

10. 下列关于缓冲溶液的叙述,正确的是 (　　)

A. 当少量稀释缓冲溶液时,pH 将明显改变

B. 外加少量强碱时,pH 将明显降低

C. 外加少量强酸时,pH 将明显升高

D. 有抗少量酸、碱、稀释,溶液保持 pH 基本不变的能力

E. 外加大量强酸时,pH 基本不变

11. 影响缓冲溶液缓冲能力的主要因素是(　　)

A. 弱酸的 pK_a　　B. 弱碱的 pK_a　　C. 缓冲对的总浓度

D. 缓冲对的总浓度和缓冲比　　E. 缓冲比

12. 欲配制 pH = 7 的缓冲溶液,应选用(　　)

A. HCOOH-HCOONa($p_{K_{a,HCOOH}} = 3.74$)　　B. HAc-NaAc($p_{K_{a,HAc}} = 4.75$)

C. NH_4Cl-NH_3($p_{K_{a,NH_4^+}} = 9.25$)　　D. NaH_2PO_4-Na_2HPO_4($p_{K_{a,H_2PO_4^-}} = 7.21$)

E. $NaHCO_3$-Na_2CO_3($p_{K_{a,HCO_3^-}} = 10.25$)

13. 王水的组成(　　)

A. 浓盐酸: 硝酸(3:1)　B. 浓盐酸: 浓硝酸(3:1)　C. 盐酸: 浓硝酸(1:3)
D. 盐酸: 硝酸(1:3)　E. 盐酸: 浓硝酸(3:1)

14. HgS 易溶解于(　　)
A. H_2O　B. 热、浓 H_2SO_4　C. 浓 HNO_3或稀 HNO_3
D. 王水　E. 浓 HCl

15. AgBr 在下列哪种溶液中溶解度增大(　　)
A. $NH_3 \cdot H_2O$　B. NaBr　C. $AgNO_3$
D. $Na_2S_2O_3$　E. H_2O

16. 已知溶质 B 的摩尔数为 n_B,溶剂的摩尔数为 n_A,则溶质 B 在此溶液中的摩尔分数 x_B为(　　)
A. $x_B + x_A = 1$　B. $\frac{n_A}{n_A + n_B}$　C. $1 - x_A$
D. $\frac{n_B}{n_A + n_B}$　E. $x_B - x_A = 1$

17. 混合溶液中 Cl^-,Br^-,I^-的浓度相同,若逐滴加入 $PbNO_3$溶液时,首先析出的沉淀是(　　)
(已知:$K_{sp,PbI_2} = 9.8 \times 10^{-9}$;$K_{sp,PbCl_2} = 1.7 \times 10^{-5}$;$K_{sp,PbBr_2} = 6.6 \times 10^{-6}$;$K_{sp,PbF_2} = 3.3 \times 10^{-8}$)
A. $PbBr_2$　B. $PbCl_2$　C. PbI_2
D. PbF_2　E. PbI_2和 PbF_2同时析出

18. 强酸性介质中 MnO_4^-作氧化剂被还原的产物是(　　)
A. MnO_4^{2-}　B. Mn^{3+}　C. $MnO_2\downarrow$　D. Mn^{2+}　E. Mn

19. 下列物质中最强的氧化剂是(　　)
A. $Cl_2(E^\ominus_{Cl_2/Cl^-} = 1.358V)$　B. $H_2(E^\ominus_{H^+/H_2} = 0.000V)$　C. $Zn(E^\ominus_{Zn^{2+}/Zn} = -0.762V)$
D. $Br_2(E^\ominus_{Br_2/Br^-} = 1.087V)$　E. $I_2(E^\ominus_{I_2/I^-} = 0.536V)$

20. 有一电池:$(-)Zn \mid Zn^{2+}(1mol \cdot L^{-1}) \parallel H^+(1mol \cdot L^{-1}) \parallel H_2(100KPa \mid Pt_{(s)}(+)$,负极是(　　)
A. Zn^{2+}　B. H^+/H_2　C. Zn^{2+}/Zn　D. Zn　E. H_2

21. 在非标态下,氧化还原反应正向自发进行的判据是(　　)
A. $E^\ominus_{池} > 0$　B. $E_{池} > 0$　C. $E^\ominus_{池} < 0$
D. $E_{池} < 0$　E. $E_{池} = 0$

22. 溶液的 H^+离子浓度增大,下列氧化剂中氧化性增强的物质是(　　)
A. Cl_2　B. Fe^{3+}　C. $Cr_2O_7^{2-}$　D. I_2　E. Sn^{4+}

23. 电极反应 $H_2O_2 + 2e + 2H^+ \rightleftharpoons 2H_2O$ 中,还原态物质是(　　)
A. H_2O_2　B. H^+　C. H_2O 和 H_2O_2
D. H_2O_2和 H^+　E. H_2O

24. 多电子原子中,决定电子能量的量子数为(　　)
A. n　B. n, l, m　C. n, l
D. n, l, m, m_s　E. l, m

25. 下列哪一系列的排列顺序正好是电负性逐次增大的(　　)

A. Li K Na　　B. N O F　　C. C B N

D. O F N　　E. C N K

26. 指出多电子原子外层电子的能量随($n+0.7l$)值的增大而增大的科学家是(　　)

A. 德布罗依　　B. 徐光宪　　C. 薛定谔

D. 玻尔　　E. 爱因斯坦

27. 基态$_{29}$Cu 原子的核外电子排布式及价电子构型均正确的是(　　)

A. Ar　$3d^94s^2$,$3d^94s^2$　　B. Ar　$3s^23d^{10}$,$3s^23d^{10}$

C. Ar　$3s^23d^9$,$3s^23d^9$　　D. Ar　$3d^{10}4s^1$,$3d^{10}4s^1$

E. $3d^94s^1$

28. H_2O 比 H_2S 的沸点高的原因是 H_2O 分子间存在(　　)

A. 氢键　　B. 诱导力　　C. 色散力

D. 取向力　　E. 分子间力

29. 分子的偶极矩 μ 值都大于0 的极性分子是(　　)

A. H_2O,NH_3,HCl　　B. H_2,O_2,N_2　　C. F_2,Cl_2,Br_2

D. HNO_3, CCl_4, O_2　　E. CO_2, BF_3,CH_4

30. BF_3分子中,B 原子采取的杂化轨道类型是(　　)

A. 不等性 sp^3　　B. 等性 sp^3　　C. sp^2

D. sp　　E. dsp^2

31. 现代价键理论 VB 法认为形成共价键的首要条件是(　　)

A. 两原子只要有成单的价电子就能配对成键

B. 共价键是有饱和性和方向性的

C. 成键电子的自旋相反的未成对价电子相互接近时配对成键,形成稳定的共价键

D. 成键电子的原子轨道重叠越少,才能形成稳定的共价键

E. 成键电子的自旋相同的未成对的价电子互相配对成键

32. 下列物质中,有离子键的是(　　)

A. O_2　　B. HCl　　C. $NaNO_3$　　D. CCl_4　　E. N_2

33. 下列分子中,键角最小的是(　　)

A. H_2O　　B. NH_3　　C. BF_3　　D. CH_4　　E. $HgCl_2$

34. 下列分子中有顺磁性的物质是(　　)

A. H_2　　B. F_2　　C. N_2　　D. O_2　　E. He

35. 下列分子中键级为零的是(　　)

A. H_2^+　　B. N_2　　C. H_2　　D. F_2　　E. He_2

36. 价键理论认为,中心离子与配体之间的结合力是(　　)

A. 共价键　　B. 离子键　　C. 配位键　　D. 氢键　　E. 金属键

37. 下列能与中心离子形成五个五圆环的螯合剂是(　　)

A. H_2O　　B. ClO_4^-　　C. F^-　　D. NCS^-　　E. EDTA

38. 已知$[Ag(NH_3)_2]^+$为直线型结构,其中心离子采用的杂化轨道类型为(　　)

A. dsp^2　　B. sp^2　　C. sp^3　　D. sp　　E. sp^3d^2

39. $[Cu(NH_3)_4]SO_4$的正确命名是(　　)

A. 硫酸四氨合铜(Ⅱ)　B. 硫酸四氨合铜(Ⅰ)　C. 硫酸4氨合铜(Ⅱ)

D. 硫酸4氨合铜(Ⅰ)　E. 亚硫酸四氨合铜(Ⅱ)

40. 配位体中,属于二齿配位体的是(　　)

A. F^-和Cl^-　B. ($H_2N—CH_2—CH_2—NH_2$)和$C_2O_4^{2-}$　C. Br^-和I^-

D. NH_3和H_2O　E. EDTA

41. 有关离子强度I的说法错误的是(　　)

A. 溶液的离子强度越大,离子间相互牵制作用越大

B. 离子强度越大,离子的活度系数r越小

C. 离子强度与离子的电荷及浓度有关

D. 离子强度越大,离子的活度a也越大

E. 离子强度与离子的本性无关

42. 下列说法错误的是(　　)

A. 在平衡常数表达式中各物质的浓度或分压力是指平衡时浓度或分压力,并且反应物的浓度或分压力要写成分母

B. 如果在反应体系中有固体或纯液体参加时,它们的浓度不写到平衡常数表达式中

C. 在稀溶液中进行的反应,虽有水参与反应,但其浓度也不写到平衡常数表达式中

D. 平衡常数表达式必须与反应方程式相对应

E. 正逆反应的平衡常数值相等

43. 根据酸碱质子理论,下列叙述中错误的是(　　)

A. 酸碱反应实质是质子的转移

B. 质子论中没有了盐的概念

C. 酸越强其共轭碱也越强

D. 酸失去质子后就成了碱

E. 酸碱反应的方向是(较)强酸与(较)强碱反应生成(较)弱碱与(较)弱酸

44. 下列叙述错误的是(　　)

A. H^+的浓度越大,pH越低

B. 任何水溶液都有$[H^+][OH^-]=K_w$关系

C. 温度升高时,K_w值变大

D. 溶液的pH越大,其pOH就越小

E. 在浓HCl溶液中,没有OH^-存在

45. 针对沉淀溶解,下列说法中错误的是生成(　　)

A. 弱酸　B. 弱酸盐$[Pb(Ac)_2]$　C. 弱碱

D. 水　E. 强酸

46. 下列错误的是(　　)

A. H^+的氧化数是 +1　B. Fe^{2+}的氧化数是 +2

C. $Cr_2O_7^{2-}$中铬的氧化数是 +5　D. MnO_4^-中锰的氧化数是 +7

E. Cu 的氧化数是 0

47. 对于 $E^{\ominus}$ 描述错误的是(　　)

A. $E^{\ominus}$ 越大的电对中氧化型物质的氧化能力越强

B. $E^{\ominus}$ 越大的电对中氧化型物质越易被还原

C. $E^{\ominus}$ 越小的电对中还原型物质的还原能力越强

D. $E^{\ominus}$ 越小的电对中还原型物质越易被氧化

E. $E^{\ominus}$ 越大电对中氧化型物质的氧化能力越弱

48. 下列各组量子数(n,l,m)不可能存在的是(　　)

A. 3,2,0　　B. 3,2,2　　C. 3,1,1　　D. 3,3,1　　E. 3,0,0

49. 下列有关氢键的说法中错误的是(　　)

A. 分子间氢键的形成一般可使物质的熔沸点升高

B. 氢键是有方向性和饱和性的

C. H_2 与 H_2 分子之间不能形成氢键

D. NH_3 与 H_2O 分子之间能形成氢键

E. 氢键是一种化学键

50. 下列错误的是(　　)

A. $[Cu(en)_2]^{2+}$ 中,Cu^{2+} 的配位数是 2　　B. $[Ag(CN)_2]^-$ 中,Ag^+ 的配位数是 2

C. $[PtCl_2(NH_3)_2]$ 中,Pt^{2+} 的配位数是 4　　D. $[Ag(NH_3)_2]^+$ 中,Ag^+ 的配位数是 2

E. $[Fe(CN)_6]^{3-}$ 中,Fe^{3+} 的配位数是 6

B_1 型题答题说明:A,B,C,D,E 是备选答案,下面是两道考题。答题时,对每道考题从备选答案中选择一个正确答案,每个备选答案可选择一次或一次以上,也可一次不选。

A. $C=\dfrac{n_B}{V}$　　B. $b_B=\dfrac{n_B}{m_A}$　　C. $x_B=\dfrac{n_B}{n_A+n_B}$

D. $W_B=\dfrac{m_A}{m_A+m_B}$　　E. $x_B=1-x_A$

51. 计算溶液中物质的量浓度的公式是(　　)

52. 计算质量摩尔浓度的公式是(　　)

A. $F_2(E^{\ominus}_{F_2/F^-}=2.866V)$　　B. $Br_2(E^{\ominus}_{Br_2/Br^-}=1.087V)$

C. $I_2(E^{\ominus}_{I_2/I^-}=0.536V)$　　D. $Cl_2(E^{\ominus}_{Cl_2/Cl^-}=1.358V)$

E. $Ag^+(E^{\ominus}_{Ag^+/Ag}=0.800V)$

53. 上述物质中,氧化能力最强的是(　　)

54. 上述物质中,氧化能力最弱的是(　　)

A. $1s^22s^22p^5$　　B. $1s^22s^2$　　C. $1s^22s^22p^63s^23p^64s^2$

D. $1s^22s^22p_X2p_Y$　　E. $1s^2$

55. 基态原子 F 的电子组态是(　　)

56. 基态原子 He 的电子组态是(　　)

A. Na_2CO_3　　B. H_2O　　C. KNO_3　　D. HF　　E. HAc

57. 在含有 Ag_2CO_3 沉淀的溶液中能产生同离子效应的是(　　)

58. 在含有 Ag_2CO_3 沉淀的溶液中能产生盐效应的是(　　)

A. NH_3　　B. SO_4^{2-}　　C. H　　D. S　　E. N

59. 在 $Zn[(NH_3)_4]SO_4$ 中配体是(　　)

60. 配位原子是(　　)

二、判断题(每题 1 分,共 10 分)

1. 任何两种溶液用半透膜隔开,都有渗透现象发生。(　　)
2. 总压力的改变对那些反应前后计量系数不变的气相反应的平衡没有影响。(　　)
3. NH_3-NH_4^+ 缓冲对中,只有抗碱成分而无抗酸成分。(　　)
4. 无机多元弱酸的酸性主要取决于第一步电离。(　　)
5. 在一定温度下,由于纯水,稀酸和碱中, H^+ 的浓度不同,所以水的离子积 K_w 也不同。(　　)
6. 难溶强电解质溶在水中的部分是全部电离的。(　　)
7. 氯电极的电极反应式不论是 $Cl_2 + 2e \rightleftharpoons 2Cl^-$,还是 $1/2Cl_2 + e \rightleftharpoons Cl^-$, E^θ 均 $= +1.358V$。(　　)
8. 量子力学中,描述一个原子轨道,需要四个量子数。(　　)
9. 凡是中心原子采用 sp^3 杂化轨道成键的分子,其空间构型都是四面体。(　　)
10. 螯合物的环数越多,螯合物越稳定。(　　)

三、填空题(每空 1 分,共 10 分)

1. 稀溶液依数性的本质是________。
2. 强电解质的表观电离度小于 100% 的原因是溶液中形成了________。
3. 平衡常数表达式中各物质的浓度项的指数与化学反应方程式中相应各物质化学式前的计量系数是________。
4. 沉淀生成的条件是 Q_C________K_{sp}。
5. 原电池中,在负极上发生的是________反应;在正极上发生的是________反应。
6. $|\Psi|^2$ 是电子在核外空间各点出现的________。
7. 共价键的特征是有________性和________性。
8. $[Fe(CN)_6]^{4-}$ 之中,中心离子采用________杂化轨道成键。

四、简答题(每题 2.5 分,共 5 分)

1. 下列电子组态中,违背了哪个原理?写出它的正确电子组态。

$_6C$　$1s^2 2s^2 2p_{X^2} 2p_{Y^0} 2p_{Z^0}$

2. CO_2分子中，键是极性键，而分子却是非极性分子？

五、计算题（每题5分，共15分）

1. 将0.001 mol·L^{-1} Ag^+ 和0.001 mol·L^{-1} Cl^- 等体积混合，是否能析出AgCl沉淀？($K_{sp,AgCl}=1.77\times10^{-10}$)
2. 已知：$Cr_2O_7^{2-}+6Fe^{2+}+14H^+ \rightleftharpoons 2Cr^{3+}+6Fe^{3+}+7H_2O$ ($E^{\ominus}_{A\,Cr^{3+}/Cr_2O_7^{2-}}=1.232V$ $E^{\ominus}_{AFe^{3+}/Fe^{2+}}=0.771V$)，(1) 计算标准电池电动势$E^{\ominus}_{池}$；并判断反应进行的方向？(2) 求反应在298K时的标准平衡常数$K^{\ominus}$，并判断反应进行的趋势如何？
3. 计算0.10mol·L^{-1}HAc中$[H^+]$，pH和电离度(a)($K_{a,\,HAc}=1.76\times10^{-5}$)。

试题二参考答案

一、选择题

1. A	2. B	3. A	4. B	5. B	6. B	7. B	8. C	9. B	10. D
11. D	12. D	13. B	14. D	15. D	16. D	17. C	18. D	19. A	20. C
21. B	22. C	23. E	24. C	25. B	26. B	27. D	28. A	29. A	30. C
31. C	32. C	33. A	34. D	35. E	36. C	37. E	38. D	39. A	40. B
41. D	42. E	43. C	44. E	45. E	46. C	47. E	48. D	49. E	50. A
51. A	52. B	53. A	54. C	55. A	56. E	57. A	58. C	59. A	60. E

二、判断题

1. × 2. √ 3. × 4. √ 5. × 6. √ 7. √ 8. × 9. × 10. √

三、填空题

1. 蒸气压下降 2. 离子氛(离子对) 3. 一致的 4. 大于 5. 氧化反应，还原反应 6. 几率密度，饱和性(或方向性) 7. 方向性(或饱和性) 8. d^2sp^3

四、简答题

1. 答：违背了洪特规则。(1分)正确电子组态：$_6C$ $1s^22s^22p_X^12p_Y^12p_Z^0$(1.5分)
2. 答：CO_2为直线型分子。(1分)2个 C═O 键均有极性，(0.5分)但键完全相同。(0.5分)结构对称，(正电荷中心和负电荷中心都在分子的中心相重合)，(0.5分)所以，CO_2分子是非极性分子。

五、计算题

1. 解：当相同浓度的Ag^+和Cl^-等体积混合后，各离子浓度减半 (1分)

$$C_{Ag^+}=\frac{0.001}{2}=5.0\times10^{-4}(\text{mol}\cdot L^{-1});\qquad (0.5分)$$

$$C_{Cl^-} = \frac{0.001}{2} = 5.0 \times 10^{-4}(\text{mol} \cdot \text{L}^{-1})$$ （0.5 分）

$$Q_{C,AgCl} = C_{Ag^+} \cdot C_{Cl^-} = (5.0 \times 10^{-4})^2 = 2.5 \times 10^{-7}$$ （1.5 分）

因为 $Q_{C,AgCl} > K_{sp,AgCl}(2.5 \times 10^{-7} \quad 1.77 \times 10^{-10})$ （0.5 分）

所以　可以析出 AgCl 沉淀(或↓) （1 分）

2. 解:(1) 因为

$$E^{\ominus}_{池} = E^{\ominus}_{(+)} - E^{\ominus}_{(-)}$$（1 分）

所以

$$E^{\ominus}_{池} = 1.232V - 0.771V = 0.461V$$ （1 分）

(2) 通过计算得知,$E^{\ominus}_{池} > 0$ 所以 该反应向右自发进行。 （1 分）

(3) $$\lg K^{\ominus} = \frac{nE^{\ominus}_{池}}{0.059} = \frac{6 \times 0.461}{0.059} = 46.88$$ （1 分）

$$K^{\ominus} = 7.6 \times 10^{46}$$

$$K^{\ominus} > 10^{6}$$

该反应向右进行的趋势很大(或程度很大)。 （1 分）

3. 解:(1) 因为

$$C/K_a = 0.1/1.76 \times 10^{-5} = 5\,682$$ （0.5 分）

所以,可以用一元弱酸溶液中 H^+ 浓度的最简公式计算

$$[H^+] = \sqrt{K_a \cdot C}$$ （1 分）

$$= \sqrt{1.76 \times 10^{-5} \times 0.1} = 1.33 \times 10^{-3}(\text{mol} \cdot \text{L}^{-1})$$（1.5 分）

(2) $$pH = -\log[H^+]$$ （0.5 分）

$$= -\log 1.33 \times 10^{-3} = 2.88$$ （0.5 分）

(3) $$a = [H^+]/C \times 100\% = 1.33 \times 10^{-3}/0.1 \times 100\% = 1.33$$ （1 分）

试　题　三

一、选择题(每题 1 分,共 60 分)

> A_1,A_2 型题答题说明:每题均有 A,B,C,D,E 五个备选答案,其中有且只有一个正确答案,将其选出。

1. 下列说法中不正确的是(　　)
   A. dsp^2 杂化轨道是由某个原子的 1s 轨道、2p 轨道和 3d 轨道混合形成的
   B. sp^2 杂化轨道是由某个原子的 2s 轨道和 2p 轨道混合形成的
   C. 几条原子轨道杂化时,必形成数目相同的杂化轨道
   D. 在 CH_4 分子中,碳原子采用 sp^3 杂化,分子呈正四面体型
   E. 杂化轨道的几何构型决定了分子的几何构型
2. 下列各组缓冲溶液缓冲能力最大的是(　　)

A. 0.01mol · L^{-1}HAc 溶液 + 0.01mol · L^{-1}NaAc 溶液
B. 0.03mol · L^{-1}HAc 溶液 + 0.03mol · L^{-1}NaAc 溶液
C. 0.05mol · L^{-1}HAc 溶液 + 0.05mol · L^{-1}NaAc 溶液
D. 0.15mol · L^{-1}HAc 溶液 + 0.15mol · L^{-1}NaAc 溶液
E. 0.02mol · L^{-1}HAc 溶液 + 0.02mol · L^{-1}NaAc 溶液

3. 已知 $E^{\ominus}_{(Fe^{2+}/Fe)} = -0.440V$, $E^{\ominus}_{(Fe^{3+}/Fe^{2+})} = 0.771V$, $E^{\ominus}_{(MnO_4^-/Mn^{2+})} = 1.507V$, $E^{\ominus}_{(Sn^{4+}/Sn^{2+})} = 0.151V$,试用标准电极电势值判断下列每组物质不能共存的是(　　)
A. Fe 和 Sn^{2+}　　B. Fe^{2+} 和 Fe　　C. Fe^{2+} 和 MnO_4^-(酸性介质)
D. Fe^{3+} 和 Sn^{4+}　　E. Fe^{2+} 和 Sn^{2+}

4. 0.020 mol · $L^{-1}$$NaNO_3$溶液中,离子强度 I 为(　　)
A. 0.10 mol · L^{-1}　　B. 0.010 mol · L^{-1}　　C. 0.020 mol · L^{-1}
D. 0.040 mol · L^{-1}　　E. 0.050 mol · L^{-1}

5. 在 HAc 溶液中加入下列哪种固体,会使 HAc 的电离度降低(　　)
A. NaCl　　B. KBr　　C. NaAc
D. NaOH　　E. KNO_3

6. 下列不合理的一组量子数是(　　)
A. $n=3, l=0, m=0, m_s=1/2$
B. $n=2, l=1, m=1, m_s=1/2$
C. $n=1, l=2, m=1, m_s=-1/2$
D. $n=2, l=1, m=0, m_s=-1/2$
E. $n=3, l=2, m=2, m_s=1/2$

7. 原子序数等于 24 的元素,核外电子排布为(　　)
A. $1s^22s^22p^63s^23p^63d^44s^2$　　B. $1s^22s^22p^63s^23p^63d^54s^1$　　C. $1s^22s^22p^63s^23p^63d^64s^0$
D. $1s^22s^22p^63s^23p^64s^24p^4$　　E. $1s^22s^22p^63s^23p^63d^6$

8. 下列哪一对共轭酸碱混合物不能配制 pH = 9.5 的缓冲溶液(　　)
A. HAc-NaAc($pK_a = 4.75$)　　B. NH_4Cl-$NH_3 \cdot H_2O$($pK_a = 9.25$)
C. HCN-NaCN($pK_a = 10.05$)　　D. $NaHCO_3$-Na_2CO_3($pK_a = 10.25$)
E. H_3BO_3-NaH_2BO_3($pK_a = 9.24$)

9. $CaCO_3$在下列哪种试剂中的溶解度最大(　　)
A. 纯水　　B. 0.1 mol · L^{-1} Na_2CO_3溶液
C. 0.1 mol · L^{-1} $CaCl_2$溶液　　D. 0.1mol · L^{-1} NaCl 溶液
E. 0.1 mol · L^{-1} $Ca(NO_3)_2$溶液

10. 一个反应达到平衡的标志是(　　)
A. 各反应物和生成物的浓度等于常数　　B. 各反应物和生成物的浓度相等
C. 各反应物的浓度不随时间改变而改变　　D. 正逆反应的速率相等
E. A,C,D 都有

11. 下列有关缓冲溶液的叙述中,错误的是(　　)
A. 总浓度一定时,缓冲比越远离 1,缓冲能力越强

B. 缓冲比一定时，总浓度越大，缓冲能力越大

C. 缓冲范围为$(pK_a-1)\sim(pK_a+1)$

D. 缓冲溶液稀释后缓冲比不变，所以 pH 不变

E. 缓冲溶液能够抵抗外来少量的强酸或强碱，而保持溶液的 pH 基本不变

12. 将葡萄糖固体溶于水后会引起溶液的(　　)

A. 沸点降低　　B. 熔点升高　　C. 蒸汽压升高

D. 蒸汽压降低　　E. 凝固点升高

13. 关于稀溶液依数性的下列叙述中，错误的是(　　)

A. 稀溶液的依数性是指溶液的蒸气压下降、沸点升高、凝固点下降和渗透压

B. 稀溶液的依数性与溶质的本性有关

C. 稀溶液的依数性与溶液中溶质的微粒数有关

D. 稀溶液定律只适用于难挥发非电解质稀溶液

E. 沸点升高是稀溶液依数性之一

14. 今有蔗糖($C_{12}H_{22}O_{11}$)、氯化钠(NaCl)、氯化钙($CaCl_2$)三种溶液，它们的浓度均为 $0.1\ mol\cdot L^{-1}$，按渗透压由低到高的排列顺序是(　　)

A. $CaCl_2 < NaCl < C_{12}H_{22}O_{11}$　　B. $C_{12}H_{22}O_{11} < NaCl < CaCl_2$

C. $NaCl < C_{12}H_{22}O_{11} < CaCl_2$　　D. $C_{12}H_{22}O_{11} < CaCl_2 < NaCl$

E. $CaCl_2 < C_{12}H_{22}O_{11} < NaCl$

15. 量子数 $n=3, l=1$ 的原子轨道可容纳的电子数最多的是(　　)

A. 10 个　　B. 6 个　　C. 5 个　　D. 8 个　　E. 2 个

16. 下列反应达平衡时，$2SO_2(g)+O_2(g) = SO_3(g)$，保持体积不变，加入惰性气体 He，使总压力增加一倍，则平衡移动的方向是(　　)

A. 平衡向左移动　　B. 平衡向右移动　　C. 平衡不发生移动

D. 条件不充足，不能判断　　E. 先向左移动，再向右移动

17. N_2分子间存在的作用力是(　　)

A. 氢键　　B. 取向力　　C. 诱导力

D. 色散力　　E. B,C,D 都有

18. 已知 298.15K 时，$E^{\ominus}_{(MnO_4^-/Mn^{2+})}=1.507V$，$E^{\ominus}_{(H_2O_2/H_2O)}=1.780V$，$E^{\ominus}_{(Cr_2O_7^{2-}/Cr^{3+})}=1.232V$，$E^{\ominus}_{(Fe^{3+}/Fe^{2+})}=0.771V$，$E^{\ominus}_{(Cl_2/Cl^-)}=1.358V$，$E^{\ominus}_{(Br_2/Br^-)}=1.066V$。标准状态下，若将 Cl^- 和 Br^- 离子混合液中的 Br^- 氧化成 Br_2，而 Cl^- 不被氧化，可选择的氧化剂是(　　)

A. $KMnO_4$　　B. H_2O_2　　C. $K_2Cr_2O_7$　　D. $FeCl_3$　　E. Cr^{3+}

19. 在 10ml $0.1mol\cdot L^{-1}$ NaH_2PO_4和 $0.1\ mol\cdot L^{-1}$ Na_2HPO_4混合液中加入 10ml 水后，混合溶液的 pH(　　)

A. 增大　　B. 减少　　C. 基本不变

D. 先增后减　　E. 先减后增

20. $PtCl_4$ 和稀氨溶液反应，生成化合物的化学式为 $Pt(NH_3)_4Cl_4$。将 1mol 此化合物用 $AgNO_3$处理，得到 2molAgCl。试推断配合物内界和外界的组成，其结构式是(　　)

A. $[Pt(NH_3)_4Cl]Cl_3$　　B. $[Pt(NH_3)_4Cl_2]Cl_2$　　C. $[Pt(NH_3)_4Cl_3]Cl$

D. [$Pt(NH_3)_4Cl_4$]　　E. [$Pt(NH_3)_4$]Cl_4

21. 银和碘电对中最强的氧化剂是(已知 $E^{\ominus}_{(Ag^+/Ag)}=+0.799V$, $E^{\ominus}_{(I_2/I^-)}=+0.536V$)(　　)

A. Ag　　B. I^-　　C. Ag^+　　D. I_2　　E. I_3^-

22. 缓冲比关系如下的 NH_4Cl-$NH_3 \cdot H_2O$ 缓冲溶液中,缓冲能力最大的是(　　)

A. 0.18/0.02　　B. 0.05/0.15　　C. 0.15/0.05

D. 0.1/0.1　　E. 0.02/0.18

23. 在能量简并的 d 轨道中,电子排布成↑↑↑↑↑,而不排布成↑↓↑↓↑,其最直接的根据是(　　)

A. 能量最低原理　　B. 保利原理　　C. 原子轨道能级图

D. 洪特规则　　E. 玻尔理论

24. H_3PO_4的三级解离常数是 K_{a_1},K_{a_2},K_{a_3},NaH_2PO_4中[H^+] =(　　)

A. $(K_{a_1} \cdot K_{a_2})^{1/2}$　　B. $(K_{a_2} \cdot K_{a_3})^{1/2}$　　C. $(K_{a_1} \cdot C)^{1/2}$

D. $(K_{a_2} \cdot C)^{1/2}$　　E. $(K_{a_3} \cdot C)^{1/2}$

25. 关于配合物,下列说法**错误**的是(　　)

A. 配体数目不一定等于配位数　　B. 内界和外界之间是离子键

C. 配合物可以只有内界　　D. 配位数等于配位原子的数目

E. 中心原子与配位原子之间是离子键

26. 根据铬在酸性溶液中的元素电势图,计算 $E^{\ominus}_{(Cr^{2+}/Cr)}$ 为(　　)

$$Cr^{3+} \xrightarrow{-0.41V} Cr^{2+} \longrightarrow Cr \quad (Cr^{3+} \xrightarrow{-0.74V} Cr)$$

A. −0.580V　　B. −0.905 V　　C. −1.320V

D. −1.810V　　E. −0.567V

27. s 轨道和 p 轨道杂化的类型中**错误**的是(　　)

A. sp 杂化　　B. sp^2杂化　　C. sp^3杂化

D. s^2p 杂化　　E. sp^3不等性杂化

28. 已知[$PbCl_2(OH)_2$]为平面正方形结构,其中心原子采用的杂化轨道类型为(　　)

A. sp^3杂化;　　B. ds^2p 杂化　　C. dsp^2杂化　　D. sp^3d 杂化　　E. d^2sp 杂化

29. 已知葡萄糖 $C_6H_{12}O_6$的摩尔质量是 $180g \cdot mol^{-1}$,1L 水溶液中含葡萄糖 18g,则此溶液中葡萄糖的物质的量浓度为(　　)

A. $0.05mol \cdot L^{-1}$　　B. $0.10mol \cdot L^{-1}$　　C. $0.20mol \cdot L^{-1}$

D. $0.30mol \cdot L^{-1}$　　E. $0.40\ mol \cdot L^{-1}$

30. 下列关于缓冲溶液的叙述,正确的是(　　)

A. 当稀释缓冲溶液时,溶液的 pH 将明显改变

B. 外加少量强酸时,溶液的 pH 将明显降低

C. 外加少量强碱时,溶液的 pH 将明显升高

D. 有抗酸抗碱抗稀释保持溶液 pH 基本不变的能力

E. 以上都不是

31. 下列物质在水溶液中具有两性的是(　　)

A. H_2SO_4　B. $H_2PO_4^-$　C. NaOH　D. HCl　E. HAc

32. 提出测不准原理的科学家是(　　)

A. 德布罗意(de Broglie)　B. 薛定谔(Schrodinger)　C. 海森堡(Heisenberg)
D. 普朗克(Planck)　E. 玻尔(Bohr)

33. 证明电子运动具有波动性的实验是(　　)

A. 氢原子光谱　B. 电离能的测定　C. 电子衍射实验
D. 光的衍射实验　E. 光的干射实验

34. 已知 $K_{sp,AgCl}=1.77\times10^{-10}$, $K_{sp,AgBr}=5.35\times10^{-13}$, $K_{sp,AgI}=8.52\times10^{-17}$,在含有相同浓度的 Cl^-, Br^-, I^-溶液中,逐滴加入 $AgNO_3$溶液,最先出现的沉淀是(　　)

A. AgCl　B. AgBr　C. AgI　D. Ag_2CrO_4　E. Ag_2CO_3

35. 溶液凝固点降低值为 ΔT_f,溶质为 gg,溶剂为 Gg,溶质的相对分子质量是(　　)

A. $\dfrac{1000Gg}{K_f\Delta T_f}$　B. $\dfrac{1000K_f g}{G\times\Delta T_f}$　C. $\dfrac{1000G}{K_f g\Delta T_f}$

D. $\dfrac{K_f g\Delta T_f}{1000G}$　E. $\dfrac{1000g\Delta T_f}{K_f G}$

36. 在 $Cr_2O_7^{2-}+I^-+H^+=Cr^{3+}+I_2+H_2O$ 反应式中,配平后各物种的化学计量数从左至右依次为(　　)

A. 1,3,14,2,1,7　B. 2,6,28,4,3,14　C. 1,6,14,2,3,7
D. 2,3,28,4,1,14　E. 3,6,15,8,9

37. 凡是中心原子采用 sp^3d^2 杂化轨道成键的分子,其空间构型可能是(　　)

A. 正八面体　B. 平面正方形　C. 正四面体
D. 平面三角形　E. 三角锥型

38. 今要配制 pH=3.5 的缓冲溶液,选用什么缓冲对最为合适(　　)

A. H_3PO_4-NaH_2PO　$pK_{a_1}=2.13$　B. HAc-NaAc　$pK_a=4.75$
C. Na_2HPO_4-NaH_2PO_4　$pK_{a_2}=7.2$　D. HCOOH-HCOONa　$pK_a=3.75$
E. $NaHCO_3$-Na_2CO_3　$pK_{a_2}=10.25$

39. 计算一元弱酸 HB 溶液中的 H^+浓度,应用下列哪个公式(　　)

A. $[H^+]=(K_a/C)^{-1/2}$;　B. $[H^+]=(K_a\cdot C)^{1/2}$;　C. $[H^+]=(K_a/C)^{-1/2}$;
D. $[H^+]=K_w/[OH^-]$;　E. $[H^+]=(K_a\cdot C)^2$

40. 在以下五种元素的基态原子中,价电子组态**不正确**的是(　　)

A. $_{24}$Cr $1s^22s^22p^63s^23p^63d^54s^1$　B. $_{29}$Cu $1s^22s^22p^63s^23p^63d^94s^2$
C. $_8$O $1s^22s^22p^4$　D. $_{17}$Cl $1s^22s^22p^63s^23p^5$
E. $_{26}$Fe $1s^22s^22p^63s^23p^63d^64s^2$

41. 下列配位体中,属于二基配位体的是(　　)

A. H_2O　B. 乙二胺(H_2N—CH_2—CH_2—NH_2)　C. CN^-
D. NH_3　E. EDTA

42. NH_3分子中 N 原子采用的杂化类型和分子的空间构形分别为(　　)

A. sp^3等性杂化和四面体形　　B. sp^3不等性杂化和三角锥形
C. sp^2等性杂化和平面三角形　　D. sp^2不等性杂化和平面三角形
E. sp 杂化和直线形

43. 下列分子中,中心原子采用的杂化轨道类型错误的是(　　)
A. H_2O 中,O 原子采用 sp^3不等性杂化
B. $[Ag(NH_3)_2]^+$中,Ag 原子采用 sp 等性杂化
C. BF_3中,B 原子采用 sp^2等性杂化
D. $BeCl_2$中,Be 原子采用 sp^2等性杂化
E. CH_4分子中,C 原子采取的是 sp^3等性杂化

44. 已知
$$2H_2(g)+S_2(g)\rightleftharpoons 2H_2S(g)\quad K_{P_1}$$
$$2Br_2(g)+2H_2S(g)\rightleftharpoons 4HBr(g)+S_2(g)\quad K_{P_2}$$
则反应 $H_2(g)+Br_2(g)\rightleftharpoons 2HBr(g)$ 的 K_{P_3}为(　　)
A. $(K_{P_1}/K_{P_2})^{1/2}$　　B. $(K_{P_1}K_{P_2})^{1/2}$　　C. K_{P_2}/K_{P_1}
D. $K_{P_1}K_{P_2}$　　E. $(K_{P_1}K_{P_2})^2$

45. $[Pt(NH_3)_4BrCl]^{2+}$配离子中,中心离子的氧化数是(　　)
A. 0　　B. +2　　C. +4　　D. +6　　E. +7

46. 某一元弱酸 HA 的氢离子浓度为 0.000 10 mol·L^{-1},该弱酸溶液的 pH =(　　)
A. 6　　B. 5　　C. 4　　D. 3　　E. 2

47. 下列溶液能使红细胞发生溶血现象的是(　　)
A. 9.0g·L^{-1}的 NaCl 溶液
B. 50.0 g·L^{-1}葡萄糖溶液
C. 5 g·L^{-1}的 NaCl 溶液
D. 12.5 g·L^{-1}的 $NaHCO_3$溶液
E. 9.0 g·L^{-1}的 NaCl 溶液和 50.0 g·L^{-1}葡萄糖溶液等体积混合

48. 已知反应 $A_2(g)+2B(g)=2AB_2(g)$,为吸热反应,为使平衡向正反应方向移动,应采取的措施是(　　)
A. 降低总压力,降低温度　　B. 增加总压力,升高温度
C. 增加总压力,降低温度　　D. 降低总压力,升高温度
E. 总压力不变,升高温度

49. 某难溶电解质(AB 型)的溶解度为 0.001 0mol·L^{-1},则其溶度积常数 K_{sp}(AB)为(　　)
A. 1.0×10^{-5}　B. 1.0×10^{-6}　C. 1.0×10^{-7}　D. 1.0×10^{-8}　E. 1.0×10^{-9}

50. 在含有 AgBr 沉淀的饱和溶液中,能产生同离子效应的是(　　)
A. KI　　B. KBr　　C. AgCl　　D. AgI　　E. KCl

B_1 型题答题说明:A,B,C,D,E 是备选答案,下面是两道考题。答题时,对每道考题从备选答案中选择一个正确答案,每个备选答案可选择一次或一次以上,也可一次不选。

A. 硝酸钾　B. 碘化银　C. 硝酸银　D. 氯化钾　E. 溴化银

51. 在含有氯化银沉淀的饱和溶液中,能产生盐效应的是(　　)

52. 在氯化银沉淀的中,加入碘化钾溶液,生成的黄色沉淀是(　　)

A. $BeCl_2$　B. CH_4　C. BF_3

D. H_2O　E. $K_2[Ni(CN)_4]$

53. 分子的几何构型是直线型的是(　　)

54. 中心原子采取 dsp^2 杂化的分子是(　　)

A. 0.02 mol · L^{-1}HCl 和 0.02 mol · $L^{-1}$$NH_3$ · H_2O

B. 0.5 mol · $L^{-1}$$H_2PO_4^-$ 和 0.5 mol · $L^{-1}$$HPO_4^{2-}$

C. 0.5 mol · $L^{-1}$$H_2PO_4^-$ 和 0.2 mol · L^{-1} HPO_4^{2-}

D. 0.1 mol · L^{-1} $H_2PO_4^-$ 和 0.1 mol · L^{-1} HPO_4^{2-}

E. 0.05 mol · $L^{-1}$$H_2PO_4^-$ 和 0.05 mol · L^{-1} HPO_4^{2-}

55. 上述浓度的混合溶液中,无缓冲作用的是(　　)

56. 上述浓度的混合溶液中,缓冲能力最大的(　　)

A. NH_3　B. SO_4^{2-}　C. Ⅱ

D. Ⅲ　E. N

57. $[Cu(NH_3)_4]SO_4$中,配体是(　　)

58. 配位原子是(　　)

A. 键级 =3　B. 键级 =1.5　C. 键级 =1

D. 键级 =2　E. 键级 =0

59. H_2的键级是(　　)

60. N_2的键级是(　　)

二、判断题(每题 1 分,共 10 分)

1. 溶质的溶解过程是一个物理过程。(　　)

2. 在稀氨溶液中,加入氯化铵可使稀氨溶液的电离度降低。(　　)

3. 因为 $E^{\ominus}_{(Ag^+/Ag)} > E^{\ominus}_{(Zn^{2+}/Zn)}$,所以 Ag 的氧化能力比 Zn 强。(　　)

4. 氧化还原反应:Fe(s) + Ag^+(aq) → Fe^{2+}(aq) + Ag(s) 原电池符号:(-)Ag | Ag^+ (C_1) ‖ $Fe^{2+}_{C_2}$ | Fe(+)(　　)

5. 酸式盐的水溶液一定呈酸性。(　　)

6. 在某温度下,密闭容器中反应 $2NO(g) + O_2(g) \rightleftharpoons 2NO_2(g)$达到平衡,当保持温度和体积不变充入惰性气体,总压将增加,平衡向气体分子数减少即生成NO_2的方向移动。(　　)

7. $K_4[Fe(CN)_6]$的正确命名是六氰合铁(Ⅲ)酸钾。(　　)

8. 血液中最重要的缓冲对是 H_2CO_3-HCO_3^-。(　　)

9. Ag_2CrO_4在纯水中的溶解度小于在K_2CrO_4溶液中的溶解度。(　　)
10. 国际单位制有7个基本单位。(　　)

三、填空题(每空1分,共10分)

1. 某溶液含有0.01 mol·L^{-1}KBr,0.01 mol·L^{-1}KCl和0.01 mol·L^{-1}KI,把0.01 mol·L^{-1} $AgNO_3$溶液逐滴加入时,最先产生沉淀的是________最后产生沉淀的是________。($K_{sp,AgBr}=5.35\times10^{-13}$,$K_{sp,AgCl}=1.77\times10^{-10}$,$K_{sp,AgI}=8.52\times10^{-17}$)。
2. 根据酸碱质子理论,在PO_4^{3-},NH_4^+,H_2O,HCO_3^-,S^{2-},$H_2PO_4^-$中,只属于酸的是________,只属于碱的是________,两性物质是________。
3. 命名$[Fe(CN)_6]^{4-}$为________,其中心原子为________配位原子为________。
4. 3s电子的几率径向分布图有________峰。
5. 某电子处在3d轨道上,主量子数n和角量子数l ________。

四、简答题(每题5分,共10分)

1. 已知$E^{\ominus}_{(I_2/I^-)}=0.536V$,$E^{\ominus}_{(AsO_4^{3-}/AsO_3^{3-})}=0.580V$,试问:当有关离子浓度均为1 mol·L^{-1}时,下列反应的方向如何?(5分)
   $AsO_4^{3-}+2I^-+2H^+=AsO_3^{3-}+I_2+H_2O$
2. 写出原子序数为25的元素核外电子排布、元素符号、元素名称以及此元素在周期表中的位置。(5分)

五、计算题(第1,3题每题3分;第2题4分;共10分)

1. 将0.1mol·L^{-1}的NH_4Cl和0.1mol·L^{-1}的$NH_3\cdot H_2O$等体积混合,求混合溶液的pH。已知$pK_a=9.25$(3分)
2. 电极反应:$Cr_2O_7^{2-}+14H^++6e \rightleftharpoons 2Cr^{3+}+7H_2O$
   已知:298K:$E_A^{\ominus}$ $Cr_{2}O_7^{2-}/Cr^{3+}$ = 1.232V　　$C_{Cr_2O_7^{2-}}$ = 1mol·L^{-1},pH = 2,$C_{Cr}{}^{3+}$ = 1mol·L^{-1},求算$E_{A\,Cr_2O_7^{2-}/Cr^{3+}}$?(4分)
3. 已知在室温下,将0.001 mol·L^{-1}的NaCl溶液和0.000 1 mol·L^{-1} $AgNO_3$溶液等体积混合,问有无沉淀产生?已知AgCl的$K_{sp}=1.77\times10^{-10}$。(3分)

试题三参考答案

一、选择题

1. A	2. D	3. C	4. C	5. C	6. C	7. B	8. A	9. D	10. E
11. A	12. D	13. B	14. B	15. B	16. B	17. D	18. C	19. C	20. B
21. C	22. D	23. D	24. A	25. E	26. B	27. D	28. C	29. B	30. D
31. B	32. C	33. C	34. C	35. B	36. C	37. A	38. D	39. B	40. B
41. B	42. B	43. D	44. B	45. C	46. C	47. C	48. B	49. B	50. B

51. C　52. B　53. A　54. E　55. A　56. B　57. A　58. E　59. C　60. A

二、判断题

1. ×　2. √　3. ×　4. ×　5. ×　6. √　7. ×　8. √　9. ×　10. √

三、填空题

1. KI,KCl　2. NH_4^+;PO_4^{3-},S^{2-};H_2O,HCO_3^-,$H_2PO_4^-$　3. 六氰合铁(Ⅱ)配离子,Fe^{2+},C
4. 3 个　5. 3,2

四、简答题

1. 答:$E^{\ominus}_{(AsO_4^{3-}/AsO_3^{3-})}=0.580V>E^{\ominus}_{(I_2/I^-)}=0.536V$,反应正向进行。(5 分)
2. 答:$1s^22s^22p^63s^23p^63d^54s^2$(2 分),Mn(1 分),锰元素(1 分),第四周期(1 分)、ⅦB(1 分)。

五、计算题

1. 解:$pH=pK_a+\lg=\frac{C_b}{C_a}=9.25+\lg\frac{0.05}{0.05}=9.25$　(3 分)
2. 解:$T=298K$,$Cr_2O_7^{2-}+14H^++6e \rightleftharpoons 2Cr^{3+}+7H_2O$　$pH=2$,$C_{H^+}=0.01mol\cdot L^{-1}$
(1) 用能斯特方程:

$$E=E^{\ominus}+\frac{0.059}{n}\lg\frac{C^a_{OX}}{C^b_{Red}}\qquad (1\text{ 分})$$

(2)

$$E_{Cr_2O_7^{2-}/Cr^{3+}}=E^{\ominus}_{Cr_2O_7^{2-}/Cr^{3+}}+\frac{0.059}{6}\lg\frac{C_{cr_2O_7^{2-}}C^{14}_{H^+}}{C^2_{Cr^{3+}}}\qquad (1\text{ 分})$$

$$=1.232+\frac{0.059}{6}\lg\frac{1\times(0.01)^{14}}{1^2}=1.232-0.275=0.957(V)\qquad (2\text{ 分})$$

3. 解:$[Ag^+][Cl^-]=(\frac{0.001}{2})\times(\frac{0.0001}{2})=2.05\times10^{-8}>K_{sp}(AgCl)$,有 AgCl 沉淀产生。(3 分)

试　题　四

一、选择题(每题 1 分,共 60 分)

> A_1,A_2 型题答题说明:每题均有 A,B,C,D,E 五个备选答案,其中有且只有一个正确答案,将其选出。

1. 质量浓度的单位是(　　)
A. $g\cdot L^{-1}$　B. $mol\cdot L^{-1}$　C. $g\cdot mol^{-1}$　D. $g\cdot g^{-1}$　E. $L\cdot mol^{-1}$
2. 下列各组溶液缓冲能力最大的是(　　)

A. 0.1mol · L^{-1}HAc 溶液 +0.1mol · L^{-1}NaAc 溶液

B. 0.01mol · L^{-1}HAc 溶液 +0.01mol · L^{-1}NaAc 溶液

C. 0.05mol · L^{-1}HAc 溶液 +0.05mol · L^{-1}NaAc 溶液

D. 0.15mol · L^{-1}HAc 溶液 +0.15mol · L^{-1}NaAc 溶液

E. 0.02mol · L^{-1}HAc 溶液 +0.02mol · L^{-1}NaAc 溶液

3. 下列各组物质不属于共轭酸碱对的是(　　)

A. HCO_3^--CO_3^{2-}　　B. $H_2PO_4^-$-HPO_4^{2-}　　C. $H_2PO_4^-$-PO_4^{3-}

D. HAc-Ac^-　　E. HCN-CN^-

4. 0.010 mol · L^{-1}NaBr 溶液中,离子强度 I 为(　　)

A. 0.10 mol · L^{-1}　　B. 0.010 mol · L^{-1}　　C. 0.020 mol · L^{-1}

D. 0.040 mol · L^{-1}　　E. 0.050 mol · L^{-1}

5. 向 HAc 溶液中加入少量 NaAc 固体,则会使 HAc 的 pH(　　)

A. 降低　　B. 升高　　C. 不变

D. 先升高后降低　　E. 先降低后升高

6. 下列不合理的一组量子数是(　　)

A. $n=2$, $l=0$, $m=0$, $m_s=1/2$　　B. $n=2$, $l=1$, $m=0$, $m_s=1/2$

C. $n=2$, $l=2$, $m=1$, $m_s=-1/2$　　D. $n=2$, $l=1$, $m=-1$, $m_s=-1/2$

E. $n=3$, $l=2$, $m=2$, $m_s=1/2$

7. 原子序数等于 26 的元素,核外电子排布为(　　)

A. $1s^22s^22p^63s^23p^63d^64s^2$　　B. $1s^22s^22p^23s^23p^63d^{10}4s^2$　　C. $1s^22s^22p^63s^23p^63d^84s^0$

D. $1s^22s^22p^63s^23p^64s^24p^6$　　E. $1s^22s^22p^23s^23p^63d^{10}4s^1$

8. 下列哪一对共轭酸碱混合物不能配制 pH =9.5 的缓冲溶液(　　)

A. HAc-NaAc($pK_a=4.75$)　　B. NH_4Cl-$NH_3 \cdot H_2O$($pK_a=9.25$)

C. HCN-NaCN($pK_a=10.05$)　　D. $NaHCO_3$-Na_2CO_3($pK_a=10.25$)

E. H_3BO_3-NaH_2BO_3($pK_a=9.24$)

9. 下列物质,在水溶液中属于二元弱碱的是(　　)

A. H_2S　　B. $NaHCO_3$　　C. Na_2CO_3　　D. NH_4Cl　　E. NH_3

10. 一个反应达到平衡的标志是(　　)

A. 各反应物和生成物的浓度等于常数　　B. 各反应物和生成物的浓度相等

C. 各反应物的浓度不随时间改变而改变　　D. 正逆反应的速率相等

E. A,C,D 都有

11. 下列有关缓冲溶液的叙述中,错误的是(　　)

A. 总浓度一定时,缓冲比越接近 1,缓冲能力越强

B. 缓冲比一定时,总浓度越大,缓冲能力越小

C. 缓冲范围为(pK_a-1) ~ (pK_a+1)

D. 缓冲溶液稀释后缓冲比不变,所以 pH 不变

E. 缓冲溶液能够抵抗外来少量的强酸或强碱,而保持溶液的 pH 基本不变

12. 难挥发的非电解质溶质溶于水后会引起(　　)

A. 沸点降低　　B. 熔点升高　　C. 蒸气压升高
D. 蒸气压降低　　E. 凝固点升高

13. 关于稀溶液依数性的下列叙述中，错误的是(　　)
A. 稀溶液的依数性是指溶液的蒸气压下降、沸点升高、凝固点下降和渗透压
B. 稀溶液的依数性与溶质的本性有关
C. 稀溶液的依数性与溶液中溶质的微粒数有关
D. 稀溶液定律只适用于难挥发非电解质稀溶液
E. 沸点升高是稀溶液依数性之一

14. $1.0g \cdot L^{-1}$的葡萄糖溶液和$1.0g \cdot L^{-1}$的蔗糖溶液用半透膜隔开后，会发生以下哪种现象(　　)
A. 蔗糖分子透过半透膜进入葡萄糖溶液中
B. 葡萄糖溶液中的水分子透过半透膜进入蔗糖溶液中
C. 蔗糖溶液中的水分子透过半透膜进入葡萄糖溶液中
D. 葡萄糖溶液和蔗糖溶液是等渗溶液
E. 葡萄糖分子透过半透膜进入蔗糖溶液中

15. 在下列原子轨道中，可容纳的电子数最多的是(　　)
A. $n=2, l=0$　　B. $n=3, l=0$　　C. $n=3, l=1$
D. $n=3, l=2$　　E. $n=4, l=1$

16. 下列反应达平衡时，$2SO_2(g) + O_2(g) \rightleftharpoons SO_3(g)$，保持体积不变，加入惰性气体 He，使总压力增加一倍，则平衡移动的方向是(　　)
A. 平衡向左移动　　B. 平衡向右移动　　C. 平衡不发生移动
D. 条件不充足，不能判断　　E. 先向左移动，再向右移动

17. 下列各组分子中仅存在色散力和诱导力的是(　　)
A. CO_2和 CCl_4　　B. NH_3和 H_2O　　C. N_2和 H_2O
D. N_2和 O_2　　E. H_2O 和 H_2O

18. H_2O 比 H_2S 的沸点高的原因是 H_2O 分子间存在(　　)
A. 色散力　　B. 诱导力　　C. 氢键
D. 取向力　　E. 范德华力

19. 在 10ml $0.1mol \cdot L^{-1}$ NaH_2PO_4和 $0.1\ mol \cdot L^{-1}$ Na_2HPO_4混合液中加入 10ml 水后，混合溶液的 pH(　　)
A. 增大　　B. 减少　　C. 基本不变
D. 先增后减　　E. 先减后增

20. $PtCl_4$ 和稀氨溶液反应，生成化合物的化学式为 $Pt(NH_3)_4Cl_4$。将 1mol 此化合物用 $AgNO_3$处理，得到 2mol AgCl。试推断配合物内界和外界的组成，其结构式是(　　)
A. $[Pt(NH_3)_4Cl]Cl_3$　　B. $[Pt(NH_3)_4Cl_2]Cl_2$　　C. $[Pt(NH_3)_4Cl_3]Cl$
D. $[Pt(NH_3)_4Cl_4]$　　E. $[Pt(NH_3)_4]Cl_4$

21. 银和碘电对中最强的氧化剂是(已知 $E^{\circ}_{Ag^+/Ag} = +0.799V$，$E^{\circ}_{I_2/I^-} = +0.536V$)(　　)

A. Ag　　B. I^-　　C. Ag^+　　D. I_2　　E. I_3^-

22. 缓冲比关系如下的 NH_4Cl-$NH_3 \cdot H_2O$ 缓冲溶液中，缓冲能力最大的是(　　)

A. 0.18 / 0.02　　B. 0.05 / 0.15　　C. 0.15 / 0.05

D. 0.1 / 0.1　　E. 0.02 /0.18

23. 下列说法正确的是(　　)

A. 配合物由内界和外界两部分组成

B. 只有金属离子才能作为配合物的中心离子

C. 配位体的数目就是中心离子的配位数

D. 配离子的电荷数等于中心离子的电荷数

E. 配离子的几何构型取决于中心离子所采用的杂化轨道类型

24. H_3PO_4的三级解离常数是 K_{a_1}, K_{a_2}, K_{a_3}，NaH_2PO_4中$[H^+]$ = (　　)

A. $(K_{a_1}K_{a_2})^{1/2}$　　B. $(K_{a_2}K_{a_3})^{1/2}$　　C. $(K_{a_1}C)^{1/2}$

D. $(K_{a_2}C)^{1/2}$　　E. $(K_{a_3}C)^{1/2}$

25. 关于配合物，下列说法错误的是(　　)

A. 配体数目不一定等于配位数　　B. 内界和外界之间是离子键

C. 配合物可以只有内界　　D. 配位数等于配位原子的数目

E. 中心原子与配位原子之间是离子键

26. 已知 $E^{\ominus}(_{Fe^{3+}/Fe^{2+}}) > E^{\ominus}(_{Sn^{4+}/Sn^{2+}})$，则下列物质中还原性最强的是(　　)

A. Fe^{2+}　　B. Fe^{3+}　　C. Sn^{4+}

D. Sn^{2+}　　E. 溶液中的水

27. s 轨道和 p 轨道杂化的类型中错误的是(　　)

A. sp 杂化　　B. sp^2杂化　　C. sp^3杂化

D. s^2p 杂化　　E. sp^3不等性杂化

28. 已知$[PbCl_2(OH)_2]$为平面正方形结构，其中心原子采用的杂化轨道类型为(　　)

A. sp^3杂化　　B. ds^2p 杂化　　C. dsp^2杂化

D. sp^3d 杂化　　E. d^2sp 杂化

29. 已知葡萄糖 $C_6H_{12}O_6$的摩尔质量是 180g · mol^{-1}，1L 水溶液中含葡萄糖 18g，则此溶液中葡萄糖的物质的量浓度为(　　)

A. 0.05mol · L^{-1}　　B. 0.10mol · L^{-1}　　C. 0.20mol · L^{-1}

D. 0.30mol · L^{-1}　　E. 0.40 mol · L^{-1}

30. 下列关于缓冲溶液的叙述，正确的是(　　)

A. 当稀释缓冲溶液时，溶液的 pH 将明显改变

B. 外加少量强酸时，溶液的 pH 将明显降低

C. 外加少量强酸时，溶液的 pH 将明显升高

D. 有抗酸抗碱抗稀释保持溶液 pH 基本不变的能力

E. 当稀释缓冲溶液时，溶液的 pH 将明显升高

31. 下列物质在水溶液中不具有两性的是(　　)

A. H_2SO_4　　B. $H_2PO_4^-$　　C. HPO_4^{2-}　　D. HCO_3^-　　E. H_2O

32. 提出测不准原理的科学家是(　　)
A. 德布罗意（de Broglie） B. 薛定谔（Schrodinger） C. 海森堡（Heisenberg）
D. 普朗克（Planck） E. 玻尔(Bohr)

33. 证明电子运动具有波动性的实验是(　　)
A. 氢原子光谱 B. 电离能的测定 C. 电子衍射实验
D. 光的衍射实验 E. 光的干射实验

34. 已知 $K_{sp,AgCl}=1.77\times10^{-10}$,$K_{sp,AgBr}=5.35\times10^{-13}$,$K_{sp,AgI}=8.52\times10^{-17}$,在含有相同浓度的 Cl^-,Br^-,I^- 的溶液中,逐滴加入 $AgNO_3$溶液,最后出现的沉淀是(　　)
A. AgCl B. AgBr C. AgI
D. Ag_2CrO_4 E. Ag_2CO_3

35. 已知 $E^{\ominus}_{(Zn^{2+}/Zn)}=-0.760V$,$E^{\ominus}_{(Fe^{3+}/Fe^{2+})}=0.771V$,$E^{\ominus}_{(Cr_2O_7^{2-}/Cr^{3+})}=1.232V$,$E^{\ominus}_{(Sn^{4+}/Sn^{2+})}=0.151V$,试用标准电极电势值判断下列每组物质不能共存的是(　　)
A. Fe^{2+}和Sn^{2+} B. Fe^{3+}和$Cr_2O_7^{2-}$ C. Fe^{3+}和Sn^{4+}
D. $Cr_2O_7^{2-}$和Sn^{2+} E. Zn 和Sn^{2+}

36. 某元素基态原子的最外层电子构型是 $ns^n np^{n+1}$,则该原子中未成对电子数是(　　)
A. 0 个 B. 1 个 C. 2 个 D. 3 个 E. 4 个

37. 配合物的中心原子轨道杂化时,其轨道必须是(　　)
A. 有单电子的 B. 能量相近的空轨道 C. 能量相差大的
D. 同层的 E. 没有任何要求

38. 今要配制 pH = 3.5 的缓冲溶液,选用什么缓冲对最为合适(　　)
A. H_3PO_4-NaH_2PO $pK_{a_1}=2.13$ B. HAc-NaAc $pK_a=4.75$
C. Na_2HPO_4-NaH_2PO_4 $pK_{a_2}=7.2$ D. HCOOH-HCOONa $pK_a=3.75$
E. $NaHCO_3$-$NaCO_3$ $pK_{a_2}=10.25$

39. 计算 $NH_3\cdot H_2O$ 溶液中的 OH^-浓度,应用下列哪个公式(　　)
A. $[OH^-]=(K_b\cdot C)^{-1/2}$ B. $[OH^-]=(K_b\cdot C)^{1/2}$ C. $[OH^-]=(K_b/C)^{-1/2}$
D. $[OH^-]=K_w/[H^+]$ E. $[OH^-]=(K_b\cdot C)^2$

40. Ag_2CrO_4的溶解度为 S mol · L^{-1}。则 Ag_2CrO_4的 K_{sp} = (　　)
A. $4S^3$ B. S^2 C. S^3 D. $2S^3$ E. $5S$

41. 在以下五种元素的基态原子中,核外电子排布正确的是(　　)
A. $_{24}Cr$ $1s^22s^22p^63s^23p^63d^44s^2$ B. $_{29}Cu$ $1s^22s^22p^63s^23p^63d^94s^2$
C. $_8O$ $1s^22s^22p^4$ D. $_{25}Mn$ $1s^22s^22p^63s^23p^63d^64s^1$
E. $_{26}Fe$ $1s^22s^22p^63s^23p^63d^74s^1$

42. 下列配位体中,属于六基配位体的是(　　)
A. H_2O B. 乙二胺(H_2N—CH_2—CH_2—NH_2)
C. CN^- D. NH_3
E. EDTA

43. BF_3分子的 B 原子采用的杂化类型和分子的空间构形分别为(　　)

A. sp^3等性杂化和四面体形　　B. sp^3不等性杂化和三角锥形

C. sp^2等性杂化和平面三角形　　D. sp^2不等性杂化和平面三角形

E. sp 杂化和平面三角形

44. 下列分子中,中心原子采用的杂化轨道类型**错误**的是(　　)

A. H_2O 中,O 原子采用 sp^3不等性杂化

B. NH_3中,N 原子采用 sp^3不等性杂化

C. BF_3中,B 原子采用 sp^2等性杂化

D. $BeCl_2$中,Be 原子采用 sp^2等性杂化

E. CH_4分子中,C 原子采取的是 sp^3等性杂化

45. 已知:

$$H_2(g) + S(s) \rightleftharpoons H_2S(g) \quad K_1$$

$$S(s) + O_2(g) \rightleftharpoons SO_2(g) \quad K_2$$

则反应 $H_2(g) + SO_2(g) \rightleftharpoons O_2(g) + H_2S(g)$ 的平衡常数是(　　)

A. $K_1 + K_2$　　B. $K_1 - K_2$　　C. K_1K_2

D. K_1/K_2　　E. $(K_1K_2)^{1/2}$

46. 500K 时,反应 $SO_2(g) + 1/2\ O_2(g) \rightleftharpoons SO_3(g)$ 的 $K_P = 50$,在同温下,反应(　　)
$2SO_3(g) \rightleftharpoons 2SO_2(g) + O_2(g)$的 K_P必等于

A. 100　　B. 2×10^{-2}　　C. 2 500　　D. 4×10^{-4}　　E. 500

47. $H_2PO_4^-$的共轭碱是(　　)

A. H_3PO_4　　B. HPO_4^{2-}　　C. $H_2PO_3^-$　　D. PO_4^{3-}　　E. $H_2PO_4^{2-}$

48. 有关溶质摩尔分数 x_B 与溶剂摩尔分数 x_A **不正确**的是(　　)

A. $x_B = \frac{n_B}{n_A + n_B}$　　B. $x_A = \frac{n_A}{n_A + n_B}$　　C. $x_A + x_B = 1$

D. $x_A + x_B = 2$　　E. $x_A + x_B = \frac{n_A + n_B}{n_A + n_B}$

49. 下列分子中,中心原子以 SP^3d^2杂化的是(　　)

A. $[Ag(NH_3)_2]^+$　　B. $[Cu(NH_3)_4]^{2+}$　　C. $[Pt(Cl)_2(NH_3)_2]^{2+}$

D. $[Fe(H_2O)_6]^{2+}$　　E. $[Zn(CN)_4]^{2-}$

50. 电子云是(　　)

A. 波函数 Ψ 在空间分布的图形　　B. 几率密度 $|\Psi|^2$在空间分布的图形

C. 波函数的径向分布图形　　D. 波函数角度分布图

E. 几率密度 $|\Psi|^2$的径向分布图

> B_1 型题答题说明:A,B,C,D,E 是备选答案,下面是两或三道考题。答题时,对每道考题从备选答案中选择一个正确答案,每个备选答案可选择一次或一次以上,也可一次不选。

A. 碘化银　　B. 碘化钾　　C. 硝酸钾　　D. 氯化银　　E. 溴化银

51. 在含有碘化银沉淀的饱和溶液中,能产生同离子效应的是(　　)

52. 在含有碘化银沉淀的饱和溶液中,能产生盐效应的是(　　)

A. AgI　　B. AgCl　　C. AgBr
D. 极性分子　　E. 非极性分子

53. 在氯化银沉淀的中,加入碘化钾溶液,生成的黄色沉淀是(　　)
54. CO_2是(　　)

A. $[Co(NH_3)_6]Cl_2$　　B. $[CoCl(NH_3)_5]Cl_2$　　C. $Na[Ag(CN)_2]$
D. $[Ni(NH_3)_2(C_2O_4)]$　　E. $[Cu(NH_3)_4]SO_4$

55. 配位数是 2 的配合物是(　　)
56. 中心原子是 Co^{2+} 的配合物是(　　)

A. 键级 =0　　B. 键级 =0.5　　C. 键级 =1
D. 键级 =2　　E. 键级 =3

57. H_2的键级是(　　)
58. N_2的键级是(　　)

A. p 轨道上的电子数　　B. s 轨道上的电子数　　C. 元素原子的电子层数
D. 最外层的电子数　　E. 内层电子数

59. 决定元素在元素周期表中所处周期数是(　　)
60. 决定元素在元素周期表中所处族数是(　　)

二、判断题(每题 1 分,共 10 分)

1. 由极性键形成的分子一定是极性分子。(　　)
2. 平衡常数的大小与方程式的书写无关。(　　)
3. 在标准状态下,已知 $E^{\circ}_{(Fe^{3+}/Fe^{2+})}=0.771V$,$E^{\circ}_{(Sn^{4+}/Sn^{2+})}=0.151V$,则反应 $Fe^{3+}+Sn^{2+}=Fe^{2+}+Sn^{4+}$ 逆向进行。(　　)
4. 离子键的特征是无方向性,有饱和性。(　　)
5. BF_3分子是非极性分子,但 B—F 键是极性键。(　　)
6. 电子不具有波粒二象性。(　　)
7. $K_4[Ni(CN)_6]$的正确命名是六氰合镍(Ⅲ)酸钾。(　　)
8. 血液中最重要的缓冲对是 H_2CO_3-HCO_3^-。(　　)
9. $K_2Cr_2O_7$中 Cr 的氧化数为 +7。(　　)
10. 波函数就是原子轨道。(　　)

三、填空题(每空 1 分,共 10 分)

1. 用 Nernst 方程式计算 Br_2/Br^- 电对的电极电势,Br_2的浓度增大,$E_{(Br_2/Br^-)}$_______,Br^-的浓度增大,$E_{(Br_2/Br^-)}$_______________。
2. 使 $BaSO_4$沉淀溶解的惟一条件是使$[Ba^{2+}][SO_4^{2-}]$____________$K_{sp\,BaSO_4}$。

3. 酸碱质子理论认为酸碱反应的实质是质子______________。
4. 已知 H_3PO_4的 $pK_{a_2}=7.21$，则 NaH_2PO_4-Na_2HPO_4缓冲溶液在 pH = __________范围内有缓冲作用。
5. 某电子处在 3d 轨道上，主量子数 n __________，角量子数 l __________。
6. 溶液的蒸气压比纯溶剂的__________，溶液的沸点比纯溶剂的__________。
7. CH_4分子中碳原子的杂化类型是__________。

四、简答题(第 1 题 6 分，第 2 题 4 分，共 10 分)

1. 用离子－电子法配平下列方程式：

$$Cl_2 + I^- = Cl^- + I_2 \text{（3 分）}$$

$$MnO_4^- + Fe^{2+} + H^+ = Mn^{2+} + Fe^{3+} + H_2O \text{（3 分）}$$

2. 写出原子序数为 17 的元素核外电子排布、元素符号、元素名称以及此元素在周期表中的位置。(4 分)

五、计算题(每题 5 分，共 10 分)

1. 将 $0.1mol \cdot L^{-1}$的 NaH_2PO_4和 $0.1mol \cdot L^{-1}$的 Na_2HPO_4等体积混合，求混合溶液的 pH 值。已知 $pK_{a_2}=7.21$ (5 分)
2. 计算 25℃时，下列电池的电动势。并写出电极反应和电池反应。(5 分)

$(-)Cd \mid Cd^{2+}(1.0\ mol \cdot L^{-1}) \parallel Sn^{2+}(0.01\ mol \cdot L^{-1}), Sn^{4+}(0.1\ mol \cdot L^{-1}) \mid pt(+)$

$(E^{\ominus}_{Sn^{4+}/Sn^{2+}} = 0.151V \qquad E^{\ominus}_{Cd^{2+}/Cd} = -0.403V)$

试题四参考答案

一、选择题

1. A	2. D	3. C	4. B	5. B	6. C	7. A	8. A	9. C	10. E
11. B	12. D	13. B	14. C	15. D	16. B	17. C	18. C	19. C	20. B
21. C	22. D	23. E	24. A	25. E	26. D	27. D	28. C	29. B	30. D
31. A	32. C	33. C	34. A	35. D	36. D	37. B	38. D	39. B	40. A
41. C	42. E	43. C	44. D	45. D	46. D	47. B	48. D	49. D	50. B
51. B	52. C	53. A	54. E	55. C	56. A	57. C	58. E	59. C	60. D

二、判断题

1. × 2. × 3. × 4. × 5. √ 6. × 7. × 8. √ 9. × 10. √

三、填空题

1. 增大，减小 2. < 3. 在两对共轭酸碱对之间的传递 4. 6.21 ~ 8.21 5. = 3，= 2
6. 低，高 7. sp^3

四、简答题

1. 答：$Cl_2 + 2I^- = 2Cl^- + I_2$（3 分）
2. 答：(1) $MnO_4^- + 5Fe^{2+} + 8H^+ = Mn^{2+} + 5Fe^{3+} + 4H_2O$（3 分）
   (2) $1s^22s^22p^63s^23p^5$（1 分），Cl（1 分），氯元素（1 分），第三周期、ⅦA（1 分）。

五、计算题

1. 解：$pH = pK_a + \lg\frac{C_b}{C_a} = 7.21 + \lg\frac{0.05}{0.05} = 7.21$　（5 分）
2. 解：电极反应：　$Cd \rightleftharpoons Cd^{2+} + 2e, Sn^{4+} + 2e \rightleftharpoons Sn^{2+}$　（1 分）
   电池反应：　$Sn^{4+} + Cd \rightleftharpoons Cd^{2+} + Sn^{2+}$　（1 分）
   $E_{池} = E^{\ominus}_{池} - \frac{0.05916}{2}\lg\frac{[Cd^{2+}]\times[Sn^{2+}]}{[Sn^{4+}]} = 0.151 + 0.403 - \frac{0.059}{2}\lg\frac{1.0\times 0.01}{0.1} = 0.5835V$　（3 分）

试　题　五

一、选择题（每题 1 分，共 60 分）

A_1，A_2 型题答题说明：每题均有 A，B，C，D，E 五个备选答案，其中有且只有一个正确答案，将其选出。

1. 国际单位制有几个基本单位（　　）
   A. 2　　B. 4　　C. 5　　D. 6　　E. 7
2. 符号 C 用来表示（　　）
   A. 物质的质量　　B. 物质的量　　C. 物质的量浓度
   D. 质量浓度　　E. 质量分数
3. 土壤中 NaCl 含量高是植物难以生存，这与下列哪一个稀溶液的性质有关（　　）
   A. 蒸气压下降　　B. 沸点升高　　C. 凝固点下降
   D. 渗透压　　E. 沸点降低
4. 有关溶质摩尔分数 x_B 与溶剂摩尔分数 x_A 不正确的是（　　）
   A. $x_B = \frac{n_B}{n_A + n_B}$　　B. $x_A = \frac{n_A}{n_A + n_B}$　　C. $x_B + x_A = 1$
   D. $x_B + x_A = 2$　　E. $x_B = 1 - x_A$
5. 已知葡萄糖 $C_6H_{12}O_6$ 的摩尔质量是 $180g \cdot mol^{-1}$，1L 水溶液中含葡萄糖 18g，则此溶液中葡萄糖的物质的量浓度为（　　）
   A. $0.05mol \cdot L^{-1}$　　B. $0.10\ mol \cdot L^{-1}$　　C. $0.20mol \cdot L^{-1}$
   D. $0.30mol \cdot L^{-1}$　　E. $0.15\ mol \cdot L^{-1}$
6. 混合溶液中，用来计算某分子或某离子的物质的量浓度的稀释公式是（　　）

A. $C_{浓}V_{浓} = C_{稀}V_{稀}$　　B. $C_{浓}/V_{浓} = C_{稀}/V_{稀}$　　C. $C_{浓}+V_{浓} = C_{稀}+V_{稀}$

D. $C_{浓}-V_{浓} = C_{稀}-V_{稀}$　　E. $C_{浓}V_{稀} = C_{稀}V_{浓}$

7. 0. 10mol · L^{-1}HCl 溶液中,离子强度 I 为(　　)

A. 0. 10mol · L^{-1}　　B. 0. 20mol · L^{-1}　　C. 0. 30mol · L^{-1}

D. 0. 40mol · L^{-1}　　E. 0. 50 mol · L^{-1}

8. 有关离子的活度系数 r_i的说法不正确的是(　　)

A. 一般,r_i只能是<1 的正数　　B. r_i可以是正数、负数、小数

C. 溶液越浓,r_i越小　　D. 溶液无限稀 时,$r_i \to 1$

E. 对于无限稀溶液 $I \to 0$, $\lg r \to 0$

9. 实验测得强电解质溶液的电离度总达不到 100% ,其原因是(　　)

A. 电解质不纯

B. 电解质与溶剂有作用

C. 有离子氛和离子对存在

D. 强电解质在溶液中离子间相互牵制作用大

E. 强电解质在溶液中是部分电离的

10. 关于溶剂的凝固点降低常数,下列哪一种说法是正确的(　　)

A. 只与溶质的性质有关

B. 只与溶剂的性质有关

C. 只与溶质的浓度有关

D. 是溶质的质量摩尔浓度为 1 mol · kg^{-1}时的实验值

E. 是溶质的物质的量浓度为 1 mol · kg^{-1}时的实验值

11. 稀溶液依数性的本质是(　　)

A. 渗透性　　B. 沸点升高　　C. 蒸气压下降

D. 凝固点降低　　E. 蒸气压升高

12. 已知:

$$CO_2(g) + H_2(g) \rightleftharpoons CO(g) + H_2O(g) \quad K_{P_1}$$
$$CoO(s) + H_2(g) \rightleftharpoons Co(s) + H_2O(g) \quad K_{P_2}$$
$$CoO(s) + CO(g) \rightleftharpoons Co(s) + CO_2(g) \quad K_{P_3}$$

这三个反应的压力平衡常数之间的关系是(　　)

A. $K_{P_3} = K_{P_1}/K_{P_2}$　　B. $K_{P_3} = K_{P_2}/K_{P_1}$　　C. $K_{P_1}K_{P_2}K_{P_3} = 0$

D. $K_{P_3} = K_{P_1}K_{P_2}$　　E. $K_{P_1} = K_{P_2}K_{P_3}$

13. 对于任一可逆反应:$aA(g) + bB(g) \rightleftharpoons dD(g) + eE(g)$在一定温度下达到平衡状态时,各反应物和生成物浓度之间的关系式是(　　)

A. $[D][E]/[A][B]$　　B. $[A][B]/[D][E]$　　C. $[A]^a[B]^b/[D]^d[E]^e$

D. $[D]^d[E]^e/[A]^a[B]^b$　　E. $[D]^d[E]/[A][B]^b$

14. 共轭酸碱对的酸度常数 K_a和碱度常数 K_b之间的关系式为(　　)

A. $K_a/K_b = K_w$　　B. $K_a + K_b = K_w$

C. $K_a - K_b = K_w$　　D. $K_aK_b = K_w$

E. $K_aK_bK_w = 0$

15. 下列物质中,属于质子酸的是( )

A. HAc B. CN^- C. Ac^- D. Na^+ E. S^{2-}

16. 下列物质中,属于质子碱的是( )

A. K^+ B. NH_3 C. HCl D. H_3PO_4 E. NH_4^+

17. 对于反应 $HPO_4^{2-} + H_2O \rightleftharpoons H_2PO_4^- + OH^-$,正向反应的酸和碱各为( )

A. $H_2PO_4^-$ 和 OH^- B. HPO_4^{2-} 和 H_2O C. H_2O 和 HPO_4^{2-}

D. $H_2PO_4^-$ 和 HPO_4^{2-} E. $H_2PO_4^-$ 和 H_2O

18. 在 HAc 溶液中,加入下列那种物质可使其电离度增大( )

A. HCl B. NaAc C. HCN D. KAc E. NaCl

19. H_3O^+,H_2S 的共轭碱分别是( )

A. OH^-,S^{2-} B. H_2O,HS^- C. H_2O,S^{2-}

D. OH^-,HS^- E. H_2O,H_2S

20. 在 HAc 溶液中,加入下列哪一种物质可使其电离度不增大( )

A. Na_2SO_4 B. NH_4Ac C. KNO_3 D. KCl E. NaCl

21. $BaSO_4$的溶解度为 S mol · L^{-1},则 $BaSO_4$的 K_{sp} = ( )

A. S^2 B. $4S^3$ C. S^3 D. $2S^3$ E. $5S$

22. CuS 易溶于( )

A. H_2O B. 稀 HNO_3 C. HCl D. HAc E. NH_4Cl

23. 在含有 AgCl 沉淀的饱和溶液中,加入 KI 溶液,白色 AgCl 的沉淀转化为黄色 AgI 的沉淀的原因是(已知:$K_{sp,AgI} = 8.52 \times 10^{-17}$,$K_{sp,AgCl} = 1.77 \times 10^{-10}$)( )

A. $K_{sp,AgI} > K_{sp,AgCl}$ B. $K_{sp,AgCl} > K_{sp,AgI}$ C. $K_{sp,AgCl} = K_{sp,AgI}$

D. 发生了盐效应 E. 发生了同离子效应

24. 在 0.010 mol · L^{-1} CrO_4^{2-} 离子和 0.10 mol · L^{-1} Cl^- 离子混合溶液中,逐滴加入 $AgNO_3$ 溶液,在难溶物 AgCl 和 Ag_2CrO_4 中先产生沉淀的是( )

(已知:$K_{sp,AgCl} = 1.77 \times 10^{-10}$,$K_{sp,Ag_2CrO_4} = 1.12 \times 10^{-12}$)

A. Ag_2CrO_4

B. AgCl

C. AgCl 和 Ag_2CrO_4同时产生沉淀

D. AgCl 和 Ag_2CrO_4不产生沉淀

E. 先 Ag_2CrO_4产生沉淀后 AgCl 产生沉淀

25. AgI 在下列哪一种溶液中溶解度最大( )

A. $NH_3 \cdot H_2O$ B. NaI C. $AgNO_3$ D. KCN E. H_2O

26. 下列有关氧化数的叙述中,不正确的是( )

A. 单质的氧化数均为零

B. 氧化数既可以为整数,也可以为分数

C. 离子团中,各原子的氧化数之和等于离子的电荷数

D. 氟的氧化数均为 -1

E. 氢的氧化数都为 +1,氧的氧化数都为 -2

27. 下列物质中最强的氧化剂是(　　)

A. MnO_4^-($E^{\ominus}_{A\,MnO_4^-/Mn^{2+}}=1.507V$)　　B. $Cr_2O_7^{2-}$($E^{\ominus}_{A\,Cr_2O_7^{2-}/Cr^{3+}}=1.323V$)

C. Cl_2($E^{\ominus}_{Cl_2/Cl^-}=1.358V$)　　D. F_2($E^{\ominus}_{F_2/F^-}=2.866V$)

E. $E^{\ominus}_{I_2/I^-}=0.536V$

28. 在 Na_2SO_4,$Na_2S_2O_3$,$Na_2S_4O_6$ 中,S 的氧化数分别为(　　)

A. +6, +4, +2　　B. +6, +2.5, +4　　C. +6, +2, +2.5

D. +6, +4, +3　　E. +6, + 5, + 4

29. 下列反应:$2Fe^{2+}+I_2 \rightleftharpoons 2Fe^{3+}+2I^-$ 在标态下自发进行的方向是(　　)

(已知:$E^{\ominus}_{I_2/I^-}=0.536V$,$E^{\ominus}_{Fe^{3+}/Fe^{2+}}=0.771V$)

A. 正向自发　　B. 逆向自发　　C. 逆向不自发

D. 处于平衡　　E. 正向不自发

30. 相同条件下,若反应 $I_2+2e \rightleftharpoons 2I^-$ 的 $E^{\ominus}=+0.536V$,则反应 $1/2I_2+e=I^-$ 的 $E^{\ominus}$ 值为(　　)

A. 0.269V　　B. 1.071V　　C. 0.536V　　D. 0.071V　　E. 2.071V

31. 对于原电池描述正确的是(　　)

A. 正极发生的是还原反应　　B. 正极发生的是氧化反应　　C. 正极是失电子的一极

D. 负极是得电子的一极　　E. 负极发生还原反应

32. 下列说法不正确的是(　　)

A. $\lg K^{\ominus}=nE_{池}^{\ominus}/0.059$　　B. $E_{池}^{\ominus}$越大,平衡常数也越大

C. $E_{池}^{\ominus}$与速率无关　　D. $E^{\ominus}_{池}>0$ 时,反应一定正向自发进行

E. $E^{\ominus}_{池}>0$ 时,反应一定逆向自发进行

33. IUPAC 规定的标准电极是(　　)

A. 甘汞电极　　B. 银-氯化银电极　　C. 标准氢电极

D. 铜电极　　E. 锌电极

34. 以下五种元素的基态原子核外电子排布式中,正确的是(　　)

A. $_{13}Al$　$1s^22s^22p^63s^3$　　B. $_6C$　$1s^22s^22p_x^22p_y^02p_z^0$

C. $_4Be$　$1s^22p^2$　　D. $_{24}Cr$　$1s^22s^22p^63s^23p^63d^44s^2$

E. $_{26}Fe$　$1s^22s^22p^63s^23p^63d^64s^2$

35. 基态$_{24}Cr$ 原子的核外电子排布式及在周期表中的位置均正确的是(　　)

A. Ar　$3d^54s^1$,d 区　　B. Ar　$3d^44s^2$,d 区　　C. Ar　$3d^64s^1$,ds 区

D. Ar　$3s^23p^63d^{10}$,ds 区　　E. Ar　$3d^64s^2$,ds 区

36. 3d 电子的径向分布函数图是(　　)

A. 1 个峰　　B. 2 个峰　　C. 3 个峰　　D. 4 个峰　　E. 5 个峰

37. 如果一个原子的主量子数是 3,则它(　　)

A. 只有 s 电子和 p 电子　　B. 只有 s 电子　　C. 只有 s,p 电子和 d 电子

D. 有 s,p,d 电子和 f 电子　　E. 只有 p 电子

38. 当主量子数 n 相同时,s,p,d,f 轨道的能量高低顺序正确的是(　　)

A. $E_s>E_p>E_d>E_f$　　B. $E_s>E_p>E_d=E_f$　　C. $E_p>E_s>E_d>E_f$

D. $E_d > E_p > E_s > E_f$　　E. $E_f > E_d > E_p > E_s$

39. 基态原子 Na(Z=11)最外层有一个电子,描述这个电子运动状态的四个量子数为(　　)

A. $n=3, l=1, m=0, m_s=+1/2$ 或 $-1/2$

B. $n=3, l=1, m=+1, m_s=+1/2$ 或 $-1/2$

C. $n=3, l=0, m=0, m_s=+1/2$ 或 $-1/2$

D. $n=3, l=1, m=-1, m_s=+1/2$ 或 $-1/2$

E. $n=3, 1=0, m=1, m_s=+1/2$ 或 $-1/2$

40. $|\Psi|^2$用来描述(　　)

A. 核外电子在空间出现的几率　　B. 核外电子在空间出现的几率密度

C. 核外电子的波动性　　D. 核外电子的能级

E. 核外电子的微粒性

41. 已知 O_2的分子轨道 $KK\sigma_{2s}{}^2\sigma^*_{2s}{}^2\sigma_{2p}{}^2_X\pi_{2pY}{}^2\pi_{2pZ}{}^2\pi^{*1}_{2pY}\pi^{*1}_{2pZ}$,则 O_2的键级为(　　)

A. 2　　B. 2.5　　C. 3　　D. 1　　E. 0

42. 已知 $HgCl_2$是直线型分子,则 Hg 的成键杂化轨道是(　　)

A. sp　　B. sp^2　　C. sp^3　　D. sp^2　　E. sp^3d^2

43. 下列分子中,键角大小次序不正确的是(　　)

A. $NH_3 > H_2O$　　B. $CO_2 > NH_3$　　C. $CH_4 > H_2O$

D. $BF_3 > H_2O$　　E. $CO_2 > CH_4$

44. 有关 CO_2分子的极性和键极性的说法中不正确的是(　　)

A. CO_2分子中存在着极性共价键

B. CO_2分子中键有极性,所以 CO_2是极性分子

C. CO_2分子是结构对称的直线型分子

D. CO_2分子偶极矩 μ 值为零

E. CO_2分子中键有极性,但结构对称,所以 CO_2是非极性分子

45. 原子形成分子时,原子轨道之所以要进行杂化,其原因是(　　)

A. 进行电子重排　　B. 增加配对的电子数　　C. 增加成键能力

D. 保持共价键的方向性　　E. 保持共价键的饱和性

46. 下列化合物中没有氢键的是(　　)

A. H_2O　　B. NH_3　　C. HF

D. H_2O 和 CH_3OH　　E. CH_4

47. 配合物 $K_2[CaY]$的名称和配位数分别为(　　)

A. EDTA 合钙(Ⅱ)酸钾,1　　B. EDTA 和钙(O)酸钾,2　　C. EDTA 和钙(Ⅲ)酸钾,4

D. EDTA 合钙(Ⅱ)酸钾,6　　E. EDTA 合钙(Ⅱ)酸钾,5

48. $[Fe(H_2O)_6]^{2+}$的空间构型和中心离子的杂化轨道类型分别为(已知 Fe:$Z=26$)(　　)

A. 八面体形和 d^2sp^3　　B. 八面体形和 sp^3d^2　　C. 四面体形和 sp^3

D. 四方形和 dsp^2　　E. 三角双锥形和 dsp^3

49. 下列说法中不正确的是(　　)

A. 中心离子和配体是电子论中的酸碱关系

B. 高自旋配合物中单电子数较多

C. 低自旋配合物是单电子数较少的内轨型

D. CN^- 作配体的配合物都是内轨型

E. F^- 作配体的配合物都是外轨型

50. 下列哪一样关于螯合作用的说法是不正确的(　　)

A. 有两个配原子或两个以上配原子的配体都可与中心离子形成螯合物

B. 螯合作用的结果将使配合物成环

C. 起螯合作用的配体称为螯合剂

D. 螯合物通常比相同配原子的相应单齿配合物稳定

E. 由于环状结构的生成而使配合物具有特殊稳定性的作用称为螯合效应

配伍题 B_1 型题答题说明：A,B,C,D,E 是备选答案，下面是两道考题。答题时，对每道考题从备选答案中选择一个正确答案，每个备选答案可选择一次或一次以上，也可一次不选。

A. NaH_2PO_4-Na_2HPO_4(pK_a,$H_2PO_4^-$ = 7.21)

B. $NaHCO_3$-Na_2CO_3(pK_a,HCO_3^- = 10.25)

C. $NH_3 \cdot H_2O$-NH_4Cl(pK_a,NH_4^+ = 9.25)

D. HAc-NaAc(pK_a,HAc = 4.75)

E. HCOOH-HCOONa(pK_a,HCOOH = 3.77)

51. 缓冲范围为 8.21 ~ 6.21 的缓冲对是(　　)

52. 配制的 pH = 5.0 的最适宜的缓冲对是(　　)

A. $CaSO_4$(K_{sp} = 4.93×10^{-5})　　B. $BaSO_4$(K_{sp} = 1.08×10^{-10})

C. $SrSO_4$(K_{sp} = 3.44×10^{-7})　　D. $PbSO_4$(K_{sp} = 2.53×10^{-8})

E. $CaCrO_4$(K_{sp} = 7.10×10^{-4})

53. 溶解度最小的难溶电解质(　　)

54. 溶解度最大的难溶电解质(　　)

对于一个已达平衡的气体反应，如 $N_2(g) + 3H_2(g) \rightleftharpoons 2NH_3(g)$，

A. $[N_2][H_2]^3/[NH_3]$　　B. $[NH_3]^2/[N_2][H_2]^3$　　C. $P_{N_2}P^3_{H_2}/P^2_{NH_3}$

D. $P^2_{NH_3}/P_{N_2}P^3_{H_2}$　　E. $[NH_3]^2[N_2][H_2]^3$

55. K_C的表达式为(　　)

56. K_P的表达式 为(　　)

A. Cr^{3+}　　B. $Cr_2O_7^{2-}$　　C. Fe^{3+}

D. Fe^{2+}　　E. H_2O

反应：$Cr_2O_7^{2-} + 6Fe^{2+} + 14H^+ \rightleftharpoons 2Cr^{3+} + 6Fe^{3+} + 7H_2O$ 在标态下正向进行

57. 该反应的氧化剂是(　　)

58. 该反应的还原产物是(　　)

A. $X_{Cl} > X_O$　　B. $X_O > X_{Cl}$　　C. $I_{1,N} > I_{1,O}$
D. $I_{1,O} > I_{1,N}$　　E. $I_{1,O} > I_{1,He}$

59. 元素电负性 X 大小次序正确的是(　　)
60. 元素原子的电离能 I_1 大小次序正确的是(　　)

二、判断题(每题 1 分,共 10 分)

1. 饱和溶液均为浓溶液。(　　)
2. 通常,化学平衡常数 K 与浓度无关,而与温度有关。(　　)
3. 在饱和 H_2S 溶液中,$[H^+]$为$[S^{2-}]$的二倍。(　　)
4. 难溶电解质的溶解度均可由其溶度积计算得到。(　　)
5. MnO_4^-离子的氧化能力随溶液 pH 的增大而增大。(　　)
6. p_X 轨道与 s 轨道可以形成 π 键,p_Y 与 p_Y 轨道可以形成 σ 键。(　　)
7. 同一缓冲系的缓冲溶液,总浓度相同时,只有 pH = pK_a的溶液,缓冲能力最大。(　　)
8. 一个共轭酸碱对可以相差一个、两个或三个质子。(　　)
9. H 原子的 $E_{4s} > E_{3d}$,而 Fe 原子的 $E_{4s} < E_{3d}$。(　　)
10. 所有配合物都可以分为内界和外界两部分。(　　)

三、填空题(每空 1 分,共 10 分)

1. 无限稀的强电解质溶液的活度(a)就是__________。
2. K 值越大,表示正反应完成程度越__________。
3. $NaHCO_3$-Na_2CO_3缓冲系中,抗酸成分是__________。
4. 一种物质的氧化态氧化性越强,则与它共轭的还原态的还原性就越__________。
5. 周期表中最活泼的金属是__________,最活泼的非金属是__________。
6. 双原子分子中,键有极性,分子一定有__________。
7. 形成配键的必要条件是中心原子(或离子)必须要有__________,配位原子必须要有__________。
8. $[Ag(NH_3)_2]Cl$ 的正确命名是__________。

四、简答题(1,2 题各 2 分;3,4 题各 3 分;共 10 分)

1. 写出计算一元弱酸溶液中$[H^+]$的最简公式及使用的条件。
2. 下列氮元素的基态原子核外电子排布式中,违背了哪个原理?写出它的正确电子构型。
   $_7N$　$1s^2 2s^2 3p^3$
3. 分子轨道是原子轨道遵循哪成键三原则形成的?
4. 比较配酸 $H[Ag(CN)_2]$ 和 HCN 的酸性强弱,并说明理由。

五、计算题(1 题 3 分,2 题 7 分;共 10 分)

1. 取 0.749g 谷氨酸溶于 50.0g 水中,其凝固点降低 0.188K,求谷氨酸的摩尔质量(已知水

的 $K_f = 1.86\ K \cdot kg \cdot mol^{-1}$）。

2. 已知：$E^{\ominus}_{Cu^{2+}/Cu} = 0.342V$　$E^{\ominus}_{Zn^{2+}/Zn} = -0.762V$

（1）写出标准铜－锌原电池的电池符号。

（2）指出正极、负极并写出正极反应和负极反应。

（3）写出配平的原电池反应。

（4）计算标准电池电动势（$E_{池}^{\ominus}$），并判断反应进行的方向？

试题五参考答案

一、选择题

1. E	2. C	3. D	4. D	5. B	6. A	7. A	8. B	9. C	10. B
11. C	12. B	13. D	14. D	15. A	16. B	17. C	18. E	19. B	20. B
21. A	22. B	23. A	24. B	25. D	26. E	27. D	28. C	29. B	30. C
31. A	32. E	33. C	34. E	35. A	36. A	37. C	38. E	39. C	40. B
41. A	42. A	43. C	44. B	45. C	46. E	47. D	48. B	49. A	50. A
51. A	52. D	53. B	54. E	55. B	56. D	57. B	58. A	59. B	60. C

二、判断题

1. ×　2. √　3. ×　4. ×　5. √　6. ×　7. √　8. ×　9. √　10. ×

三、填空题

1. 浓度（或 C）　2. 大　3. CO_3^{2-}　4. 弱　5. Cs（或铯），F（或氟）　6. 极性　7. 空轨道，孤对电子　8. 氯化二氨合银（I）

四、简答题

1. 答：（1）计算一元弱酸溶液中 H^+ 浓度的最简公式：

$$[H^+] = \sqrt{K_a \cdot C}$$（1 分）

（2）使用的条件为 $C/K_a \geq 500$（1 分）

2. 答：违背了能量最低原理。（1 分）

正确电子组态：$_7N$　$1s^2 2s^2 2p_x^1 2p_y^1 2p_z^1$（或 $1s^2 2s^2 2p^3$）（1 分）

3. 答：（1）对称性匹配原则。（1 分）

（2）能量近似原则。（1 分）

（3）最大重叠原则。（1 分）

4. 答：（1）$H[Ag(CN)_2]$ 比 HCN 的酸性强。（或酸性：$H[Ag(CN)_2] > HCN$）（1 分）

（2）原因：由于配合物的内界与外界之间为离子键，在水中完全离解：$H[Ag(CN)_2] = H^+ + [Ag(CN)_2]^-$，故 $H[Ag(CN)_2]$ 为一种强酸而非弱酸。（1 分）HCN 是弱酸，在水溶液中部分离解：$HCN \rightleftharpoons H^+ + CN^-$，故 HCN 为酸弱。（1 分）

五、计算题

1. 解：设谷氨酸的摩尔质量为 M_B，已知：水的 $K_f = 1.86\ K \cdot kg \cdot mol^{-1}$

由

$$\Delta T_f = K_f b_B = K_f \cdot m_B / m_A M_B$$ （1分）

得

$$M_B = K_f \cdot m_B / m_A \Delta T_f$$

$$= 1.86\ K \cdot kg \cdot mol^{-1} \times 0.749 g / 50 g \times 0.188\ K$$

$$= 0.148 kg \cdot mol^{-1} = 148 g \cdot mol^{-1}$$ （2分）

2. 解：(1) $(-)Zn(s) \mid Zn^{2+}(1mol \cdot L^{-1}) \parallel Cu^{2+}(1mol \cdot L^{-1}) \mid Cu(s)(+)$ （1分）

(2) 正极是铜电极，（0.5分） 负极是锌电极。 （0.5分）

正极反应（或还原反应）： $Cu^{2+} + 2e \rightleftharpoons Cu$ （1分）

负极反应（或氧化反应）： $Zn - 2e \rightleftharpoons Zn^{2+}$ （1分）

(3) $Cu^{2+} + Zn = Zn^{2+} + Cu$ （1分）

(4) $E^{\ominus}_{池} = E^{\ominus}_{(+)} - E^{\ominus}_{(-)}$ （1分）

$E^{\ominus}_{池} = 0.342V - (-0.762V) = 1.104V$ （0.5分）

通过计算得知，$E^{\ominus}_{池} > 0$ 所以：该反应向右自发进行。 （0.5分）